"地球"系列

THE
EARTHQUAKE

地 震

[英] 安德鲁·罗宾逊◎著

李尧尧◎译

上海科学技术文献出版社
Shanghai Scientific and Technological Literature Press

图书在版编目（CIP）数据

地震 /（英）安德鲁·罗宾逊著；李尧尧译 . 一上海：上
海科学技术文献出版社，2023
（地球系列）
ISBN 978-7-5439-8677-0

Ⅰ.① 地… Ⅱ.①安…②李… Ⅲ.①地震—普及读
物 Ⅳ.① P315-49

中国版本图书馆 CIP 数据核字 (2022) 第 192553 号

Earthquake

图字：09-2020-503

选题策划：张 树　　　　责任编辑：姜 曼
助理编辑：仲书怡　　　　封面设计：留白文化

地 震
DIZHEN
[英]安德鲁·罗宾逊 著　　李尧尧 译
出版发行：上海科学技术文献出版社
地　　址：上海市长乐路 746 号
邮政编码：200040
经　　销：全国新华书店
印　　刷：商务印书馆上海印刷有限公司
开　　本：890mm×1240mm 1/32
印　　张：6.25
字　　数：115 000
版　　次：2023 年 1 月第 1 版　2023 年 1 月第 1 次印刷
书　　号：ISBN 978-7-5439-8677-0
定　　价：58.00 元
http://www.sstlp.com

我的父母经历了 1989 年美国加利福尼亚州洛马普列塔地震，谨以此书，纪念双亲。

目　录

I. 地震事件

2008 年 2 月 27 日，夜晚来得稀松平常，但午夜刚过不久，我却经历了一次奇怪的地震。当时我刚给科学期刊《自然》写完一篇书评，作者是来自美国加利福尼亚的地震学家艾默思·努尔。地震时，我住在伦敦维多利亚广场一处公寓里，当时正在编辑草稿，突然感觉所在的五楼地板有些许震动，持续 1 到 2 秒，很轻微，几乎感觉不到。我妻子开玩笑说，肯定是地震，但我不相信，因为活了四五十岁，我还从来没在英国亲自经历过地震。这个震动可能是不远处伦敦地铁穿过导致的，所以我没在意，就上床睡了。

可是，早上新闻简报确认，凌晨 00:56 真的发生了地震。英国地质调查局监测到这次地震震源深度为 5 千米，震中位于林肯郡，在伦敦偏北方向约 200 千米处，震级约为 5.2 级。调查局记录显示，这是自 1984 年以来，也就是近 25 年来，英国发生的最大震级的地震。

据报道，地震造成一人重伤：一名学生在阁楼的卧室里被从烟囱上掉落的大石块砸中盆骨。靠近震中的很多房屋遭到破坏，被毁部分主要是烟囱、屋顶和花园围墙。很多人在熟睡中被震醒，才意识到地震，跑到街道上。无数电话涌入当地应急部门和英国地质调查局。靠近斯肯索普镇的一位居民告诉一家全国性报社说："我整栋房子都在震动，好像快要塌了一样，感觉整个屋顶都要塌下来。我以为是龙卷风什么的把树扔到我家房顶上了。"在离震中往南很远的北安普顿镇，另一位经历者也感觉他的房子要塌了，他说："我立马反应过来是地震，就跟我在其他地方经历的地震一样强。我在美国西海岸住过四年。"第三个经历者家在英国东海岸附近，他说这次震动比他在洛杉矶经历的还要强。

在英国，每年地震仪记录下来的小型地震就约 200起。平均每 2—3 年就会发生一次 4 级及以上地震；平均每 10 年就会发生一次 5 级及以上地震。1931 年，发生了一起 6.1 级地震，那是迄今为止地震学家在英国记录到最强的一次地震。这些小型地震中，约 90% 没被公众察觉。如 2008 年 2 月 27 日发生的地震，即便被公众察觉，也会很快被忘记。对大部分人而言，地震和英国似乎也没什么联系。地震领域的作家对英国发生的地震也没多少兴趣，他们更关注发生在美国加利福尼亚及阿拉斯加，智利、秘鲁、墨西哥、加勒比群岛、北非、葡萄牙、意大利、土耳其、伊朗、巴基斯坦、印度、印度尼西亚，新西兰、日本等地方的地震，因为这些地方的地震几乎具有毁天灭地的破坏力。即便是在现代，也能够摧毁城镇和都市，杀死数百万人。但是，英国地震产生的影响之小，让人们抱着无所谓的态度，而历史真相表明，这种态度是毫无道理的。

数学家查尔斯·戴维森的著作《英国地震史》由剑桥大学出版社于1924年出版。该书罗列了作者可以证实的1 190起地震。对于之前发生的地震，戴维森苦于缺乏证据，只能参考一套少见的两卷文集，该文集由谢菲尔德大学物理学家兼英国皇家学会会员托马斯·肖特博士于1749年出版，文集题为《空气、天气、季节、流星等概况编年史》。肖特写道，自己耗时16年，致力于收集"历史的伤痕"。然而，可惜的是，他并未提供任何关于信息来源的细节。他报告的英国经历的第一起地震发生于103年，在英国西部的萨默塞特镇的一个"无名之城"。报告称这座城市连同它的名字被一并吞没了，可是这样的灾难看似极不可能发生，所以被戴维森否定了。肖特的书中之后出现的一篇报告记录了发生在811年的一起地震。报告称，这场地震摧毁了苏格兰圣安德鲁镇的大部分建筑，导致1 400人遇难。但这个报告连同其他报告，也被戴维森认为是难以相信的事件。

但是不再参考肖特编纂的地震目录后，戴维森的信息来源开始变得可靠，这些来源有据可循，均自1000年开始算起，并且附带权威的英国地震事件作为例证。1114

年，英国和意大利同时经历了一次强烈地震，导致位于克罗兰镇的一座新林肯郡教堂未完工的墙体倒塌，南面墙体多处开裂，木匠只好用木头加以支撑，直至教堂顶部建成。威尔斯大教堂位于萨默塞特郡威尔斯城，但在1248年遭遇一起地震，教堂穹顶坍塌。1580年，伦敦的一栋砖石建筑倒塌，掩埋了一个男孩和一个女孩，致使二人遇难。同时，圣保罗大教堂受到轻微损坏，威斯敏斯特宫的大本钟因震动而响起。多佛海岸的部分白悬崖和部分古城堡的城墙一同跌入英吉利海峡。1692年，欧洲发生一次强烈地震，这次地震可能以布拉邦特地区（位于现在的荷兰）为震中，约翰·伊夫林随后的信件显示，即使如此，这次地震也让伦敦人"极为恐慌"。地震时，伊夫林的儿子住在伦敦中央，而伊夫林自己虽然住在萨里，也感觉到了轻微震动。

伦敦地震警报（雕版），1750年4月

在被称为"地震之年"的 1750 年，英国多地遭遇地震袭击。

在伦敦，2 月到 3 月间共发生了 4 起地震，其中第 4 起震中位于伦敦桥往北 3.2 到 4.8 千米处，持续 5 到 6 秒，造成威斯敏斯特大教堂塔尖大量巨石掉落。随后，3 月 20 日又发生一起小型地震。一个人预言说，4 月 7 日到 8 日会发生一场地震，而伦敦居民被先前的地震吓得失去理智，竟然相信他的预言，纷纷到户外过夜。有的在海德公园支起帐篷，或者住在自己的马车里，又或是待在户外。英国贵族霍勒斯·沃波尔在 4 月 7 日给朋友的信函中幽默地写道，当天晚上有的女士甚至穿了"地震礼服"，好让自己在这种特殊的情况下从容一些。沃波尔还批评道，当时很多贵族和上流社会的富人干脆就离开伦敦，"3 天内就有 730 辆马车经过海德公园角，涌

1884 年英国大地震中科尔切斯特的混乱场面

向乡村"。结果，6月伦敦和诺威奇报道了一次"如火炮开火时一样的巨响"，没有任何震动。除此以外，预言会发生地震的当天什么也没发生。但是，地震却给一些神职人员带来好处，包括传教士约翰·卫斯理。不仅如此，英国皇家学会的很多会员，包括剑桥大学的约翰·米歇尔，终于受到刺激，开始研究地震。到1750年末，英国皇家学会共研究了与地震相关的50篇文章和书信，这些文章和书信旋即作为《哲学汇刊》的附录出版。戴维森写道，对于英国地震的正式研究可以说起源于此。

之后，在1884年4月22日上午9:18，发生了众所周知的"英国大地震"，这场大地震最具破坏力。位于埃塞克斯郡（靠近北海）的科尔切斯特内外的房屋、教堂均遭摧毁，将在科尔切斯特等待开往伦敦的列车驾驶员从车厢中扔到站台上。这场地震同样影响了伦敦。在英国议会大厦威斯敏斯特宫内，议员们一头雾水，不清楚发生了什么事，只得暂停会议进程，在震动中靠着墙，有的感觉手里的文件和公文包都快要被震掉了。震后，议会立马派出警员调查这场震动的起因，看是否因为在议会大厦地窖中发生了爆炸袭击。1884年英国地震持续了约5秒（和1750年3月的地震一样长）。

这是来自一个处于震中附近亲历者的可靠讲述，这个亲历者是一名水手，在各地经历过多起地震。这场明显的地震过去4天后，埃塞克斯郡一家报纸进行了客观的报道，称如果这场地震再多持续几秒，"可以肯定的是，乡村地区会被完全破坏，遇难人数也将多到无法统计"。

英格兰最伟大的作家威廉·莎士比亚肯定见证了16世纪英国发生的地震，因为他的作品中有几处提及了那些地震灾害。在《亨利四世》中，霹雳火哈利·波西说：

失去常态的大自然，

往往会发生奇异的变化，

有时怀孕的大地因为顽劣的风儿

在她的腹内作怪，

像病痛一般转侧不宁；

那风儿只顾自己的解放，

把大地老母拼命摇撼，

尖楼和高楼

都在它的威力之下纷纷倒塌（第三幕，第一场）*。

在莎士比亚（生于1564年）的少年时期，在英国曾发生过3场大地震——1580年伦敦地震、1580年坎特伯雷地震和1581年约克地震。其中一场地震被认为是莎翁戏剧《罗密欧与朱丽叶》的一个主题来源，剧中朱丽叶的乳母回忆起一个无法忘记的日子：

_____

* 译者注：朱生豪译。

自从地震那一年到现在，已经十一年啦；那时候她已经断了奶，我永远不会忘记，不先不后，刚巧在那一天（第一幕，第三场）*。

剧中描写的地震最可能是 1580 年的伦敦地震，现在已知那场地震导致严重的混乱。一些研究莎士比亚的学者因此把《罗密欧与朱丽叶》的初稿完成日期定在 1591 年，也就是那场地震 11 年后；而有的学者则倾向是 1596 年，即《罗密欧与朱丽叶》首次出版的前一年。

提及这些地震灾害并不为了说明在英国发生的地震

《巴奇插画集》中描绘的地震（木雕）

---

* 译者注：朱生豪译。

能影响全球，实际上这些地震灾害不会在这本书里再次提及，但是数世纪前的这些地震的存在能够阐明一个真相，即地球上没有任何地方能够完全不受地震的影响，即便是英国也一样。

相比之下，在地球的另一边，位于环太平洋火山带上的日本，则因地震而时刻紧张不安。日本毫无疑问是一个真正的地震国家，还可能是最典型的一个，因为日本全境大部分地区长期遭受地震的影响，而日本人已经把地震当作政府管理的日常事件之一，也已经把地震融入自身文化中。地震学家确认，如今全球每年爆发的地震能量，有接近 10% 发生在日本土地上。

1923 年 9 月 1 日午饭前，正当家家户户都在木房中用木炭和火盆做午饭时，日本忽然遭遇了有史以来最为强烈的地震灾害。首都东京、国家港口横滨及附近地区经历了 4 到 5 分钟的地震，随后而来的是地震引发的海啸，海浪高达 11 米。

很快，人们恐慌起来，火苗也从厨房渐渐燃烧起来，吞噬着挤在一起的木屋，汇集在一起后形成一场恐怖的火风暴，冲天大火燃烧了一整夜。到 9 月 3 日上午，至少 14 万人遇难，三分之二的东京和五分之四的横滨化作灰烬和废墟。东京遭到焚毁的区域达到 18 平方千米。相比之下，旧金山在 1906 年那场大地震中被焚毁的区域有13 平方千米，而伦敦在 1666 年大火中被焚毁的区域只有1.7 平方千米。横滨像一座欧洲城市，多数建筑结构由现

1923 年关东大地震
后横滨大酒店的废墟

代的砖石构成，所以受到震荡影响更严重，而不像东京一样遭遇严重的火灾涂炭。横滨大酒店只剩下一堆堆瓦砾。当时，日本摄政王（后来的昭和天皇）展示了一份关东大地震 1926 年的官方报道，报道中印有一小张深褐色调的照片，即便现在看来，那张照片中被彻底破坏的横滨大酒店的景象仍旧夺人眼球。照片标题为"人不可逆天"。

　　尽管这都是严重的自然灾害，幸存者在惊恐之余，仍然难免要寻找始作俑者，不论是讨人厌的动物，还是邪恶的魔鬼，又或是恼怒的神明、无能的政府和科学家、贪婪的房地产开发商、国外破坏分子或某些罪人，总有些人难辞其咎。

　　在印度，当地有一个传说：巨象支撑着地球，巨象时不时会感到疲惫，这时它便会低下头，猛地左右甩动自己的头，进而导致地震。在蒙古国，一些人想象地球被一只巨大的青蛙驮在背上，这只青蛙周期性的痉挛导致地震。而在墨西哥南部的佐齐尔人中流传着这样的故事：一只巨大的美洲狮靠着支撑世界的柱子挠痒痒，进而引发地震。印度尼西亚一个岛屿上的居民则把地震归因于一个恶魔，这个恶魔因为没有得到某样祭品而颤抖，从而导致地震。

在古希腊罗马神话中，希腊海神波塞冬通常被认为是地震的始作俑者，这并不奇怪，因为地震的强大破坏力往往在爱琴海和地中海上引发大海啸。神话中，波塞冬感到不满时，就会将手持的三叉戟撞向地面，引发地震。然而，有些古希腊哲学家则认为是自然因素导致了地震，而非神明。比如约公元前580年，泰利斯写道，陆地漂浮在海洋上，因此海水的移动导致了地震。对比之下，同样生活在公元前6世纪的阿那克西米尼认为，肯定是地球内部的岩石掉落、相撞，产生回响，引发地震。公元前5世纪，阿那克萨戈拉认为至少有一些地震是由火导致的。一百多年后的亚里士多德相信，地球中存在一些"洞穴"，这些洞穴里的"中心火"产生的火焰、烟和热量快速上升，从地表岩石缝中蹦出，从而导致火山爆发和地震。地下火将岩石燃烧殆尽，地下洞穴就会坍塌，导致地震。亚里士多德甚至给地震做了分类，分类依据是地震导致建筑和人纵向震动，还是对角晃动，以及是否会有蒸汽冲出地表。多年以后，古罗马哲学家塞涅卡一定程度上受到62年或63年的意大利地震启

a AMSTERDAM aux Depens de la COMPAGNIE 1725.

发，认为并非浑浊的蒸汽，而是被困在地球内部并被压缩的空气流动起来导致恶劣的风暴和破坏性极强的岩石运动。

　　在欧洲天主教时期，人们通常认为是上天的怒火导致了地震。因此，1755 年里斯本被地震和大火摧毁大部分地区后，人们判定一些灾难幸存者传播异端邪说。人们的这一反应进一步刺激了法国理性主义者伏尔泰，促使他撰写了著名的讽刺小说《老实人》。在西班牙殖民统治的南美洲，违背人伦道德的罪恶苏醒了。海因里希·冯·克莱斯特 1807 年的德文小说《智利地震》，开篇第一句表明这部小说基于 1647 年真实发生在圣地亚哥的一场地震创作的，可事实上很明显是改编自 1755 年里斯本大地震。小说中，圣地亚哥被地震破坏，作者想象当地居民将地震归罪于一对男女，随后众人用棍棒将这一对男女殴打致死。1934 年印度北部地区发生一场大地震，而即便是在 20 世纪中叶，甘地也说："如干旱、洪涝、地震等灾害的来访，虽然看似只来自自然，但对我而言，却和人们的道德有关。"

在日本传统中，对地震最普遍的解读是一个叫作"鲇"的巨大鲇鱼生活在地下泥土里。这个怪物的头被一个神明用巨石压着，因而日本被这个神明保护着不受地震的侵害，而压着怪物的巨石就在离东京约 100 千米的鹿岛，所以相对而言，鹿岛不经常发生地震。可是，这个鹿岛的神明偶尔离开岗位，去和其他神明商议事情。这时，"鲇"就挣脱束缚，抽动触须，到处翻滚，和人恶作剧，给人类带来灾难。日本人还用传神、幽默的方式，把这个神话印在彩色版木上，这种木版画被称作"鲇绘"，于 1855 年江户（现东京）附近发生地震后流行开来。在一幅木版画中，那条扭动不止的巨鲇受到江户一些居民的围攻，唯独木匠和其他工匠不参与其中，因为他们总能从地震中谋得好生计。如今在日本，巨鲇的形象也会出现在一些与地震相关的活动中。

但是，在1923年关东大地震发生时，西方思想和科学已经迅速在日本传播，所以那时已经没有日本人相信那个传统观念了。确实，相比于1855年大量涌出的鲇绘，1923年时鲇绘销量堪忧。巨鲇这种超自然的存在已经很少有人当回事了。

关东大地震发生时，黑泽明还是一个13岁的学生，

吉恩·库赞·禹·埃尔德作品：16世纪的地震

住在东京郊外的一座小山上。他家的房屋被完全摧毁，电力中断，东京其他地方供电也都停止，但是他和家人很幸运，逃了出来，没有受伤。60 年后，黑泽明撰写了自传，毫无保留地描绘了自己令人着迷的一生。在自传中，黑泽明对关东大地震着墨颇多，用 3 章内容讲述关东大地震——"1923 年 9 月 1 日""黑暗与人性"和"一次恐怖的远足"。他在自传中说："通过这次大地震，我不仅了解了自然的洪荒之力，也窥见了人心底的美妙事物。"

军人出身的父亲在黑泽明眼中像是一个武士。大地震发生后，黑泽明父亲前往一片化为焦土的区域寻找走

木版画：**1855 年安政大地震后江户居民攻击巨鲇**

散的亲戚，结果因为满脸络腮胡子，被误认为是外国人而被一群手持棍棒的暴徒团团围住。如武士的父亲操着日语大喝一声后，那群暴徒才四散走开。回到家中，父亲吩咐黑泽明守夜，让他站在一个排水管上方，水管很窄，只能容下一只蜷缩着的猫，但是父亲让他拿着一柄木刀，防止一些人从排水管中溜走。父亲还警告他别喝邻居家井里的水，因为那口井的井沿上有用白色粉笔写着密码。但可笑的是，那些无意义的潦草文字其实是黑泽明亲手写上去的。

黑泽明回忆起，东京中心的大火消减之后，他的大哥叫他一起去看看那些废墟：

　　我陪大哥一起去看那些废墟，感觉像是学校组织的远足一样。但当我意识到这次远足有多么恐怖时，回头已经太晚了。我在犹豫中，可大哥并没在意，拉着我往前走。

　　开始我们只会偶尔看见一两具烧焦的尸体，但越靠近市区，尸体就越多。但是我哥还是拉着我的手，坚定地往下走。接下来，目光所及之处都是红棕色的烧焦的景象。令人心悸的暗红色浸在大片土地上，上面躺着千奇百怪的尸体。这些尸体展示着人能经历的所有可能的死法。我无意间往旁边看时，我哥骂我说："给我仔细看。"

　　那天夜里我们回家后，我已经准备好晚上睡不着觉了，即便睡着了也会做噩梦。

但是那天晚上，刚一沾枕头就睡着了，一觉到天亮。我睡得像个木头，也不记得昨晚的梦里有什么可怕的东西。我感觉很奇怪，就问我哥怎么会这样。他说，"你闭上眼睛，不看那些恐怖的画面，后来就会害怕；盯着看，就没什么好怕的了"。现在回想起那次远行，我想那个画面对哥哥来说肯定也很可怕。也正是那次远足，我们征服了恐惧。

震后 7 年内，东京在原址上重建了。现在，东京面积扩大很多，也更加繁华，但是考虑到 1855 年和 1923 年两次地震及之后未产生严重破坏的地震，日本政府仍然将东京视为强震高风险地区。1995 年，东京以西 500 千米处发生一次地震，这场毫无征兆的地震摧毁了神户的部分地区，致使 6 400 人罹难，并且让人看见地震可能在未来导致东京出现的混乱局面，更不要说给日本民众造成的心理阴影。这种心理阴影在小说家村上春树的小说选集《地震之后》的短故事中已有深刻描写。书中第一个故事描写了东京的已婚妇女，盯着电视机看了整整五天，"盯着神户地震中坍塌的银行、医院，数个街区里燃烧着熊熊烈火的商店，中断的铁路和公路"。后来这个女人和她丈夫离婚。放弃那个男人时，她只在厨房桌子上留下一张纸条，上面写道"和你在一起就像和一屋子空气同居"。

根据地震历史来看，除了澳大利亚，全世界存在地震风险的大型城市有超过 60 个，其中包括开罗、加尔各答、德里、伊斯坦布尔、雅加达、利马、洛杉矶、墨西哥城、旧金山湾区、首尔、新加坡、德黑兰，当然也包括东京和横滨。尽管欧洲城市总体受地震影响较小，强烈地震也曾在过去 3 个世纪袭击过雅典、布加勒斯特、里斯本、马德里、墨西拿、米兰、那不勒斯、罗马、都灵和意大利很多城镇城市。

例如，2009 年，意大利中部城市拉奎拉发生过一场震级 6.3 的地震，尽管震级较小，但仍然致 309 人遇难，并造成大量破坏。拉奎拉在 1461 年和 1703 年也曾遭遇

2009 年拉奎拉地震造成的破坏

地震，大部分地区受到毁坏。2009 年拉奎拉那场地震理应被外人迅速忘却，但却因吊诡的"余震"被世人铭记。那是世界上第一次，一个遭受地震破坏的城市，其当局竟然指控科学家犯下杀人罪。拉奎拉公诉人指控 6 名官方科学家和 1 名政府官员低估了地震危险程度，鼓励居民待在家中而将居民置于不必要的危险之中。国际地震学界为此感到震惊和愤慨。虽然地震学家可以通过板块构造学说，预测地震高发地，但他们也很清楚，自己远不能预测大型地震发生的准确位置和时间，而外界时不时就说科学家能做到这一点。

至少，地震灾害有一个好处：它能给地震学家上一课。自然学家查尔斯·达尔文同时也是一位举足轻重的地质学家，他在自己经典的旅行游记《"比格尔"号航行日记》里，讲述了在智利海岸城市康塞普西翁的一次地震经历。他说，那次经历可能是自己在 1831 年到 1836年 5 年环球探险间最有趣的事。1835 年 2 月地震发生后，耗费大量人工和时间建造出来的建筑在一分钟内就被掀翻，不免让人悲伤，感到耻辱。但是对当地居民的同情一瞬间就被抛之脑后，只因残垣断壁成于旦夕之间着实令人感叹，而通常无数个春来秋去才能造就这番破败景象。

然而，尽管 20 世纪的后 50 年，在地震科学和抗地震工程领域发生了惊人的进步，政府及国际救援组织灾害防范措施实现巨大改进。在 21 世纪早期，地震灾害依旧导致大量人员伤亡、资产和基础设施损坏。2004年印度洋地震（也被称为苏门答腊–安达曼岛地震）震级达到9.1级到9.3级，引发的海啸造成23万余人遇难，死难者遍布14个国家，受灾最严重的国家是印度尼西亚、斯里兰卡、印度和泰国。2010年，一场7级地震袭击了海地首都太子港附近，据2011年的可靠估计，这场地震给太子港造成严重破坏，夺去数以万计人的生命。海地政府估计遇难人数超过30万。

在2010年和2011年，新西兰克赖斯特彻奇遭遇两次地震，间隔时间只有半年，相比于印度洋地震和海地地震，这两次地震造成的遇难人数少很多，只有181人遇难，这种地震影响在发达国家很典型。但反过来，这

2010年海地雅克梅勒遭受的地震破坏

些地震给政府、保险公司、企业和家庭造成数十亿美元的花费。新西兰经历的第二场地震虽然只有 6.3 级，但地震过程却导致赖斯特彻奇的土壤大面积软化，即液化，致使包括 5 000 户家庭在内的部分地区的重建成本过高，不具有经济性。这场地震强度相对较小，但由此造成的破坏让它成为新西兰目前为止经济成本最高的自然灾害和全球有史以来经济成本第三高的地震灾害，紧随 1994年洛杉矶附近的北岭 6.7 级地震和 2011 年日本东部 9.0级地震。

东日本大地震（也被称为"日本东部大地震"）造成的危机一直萦绕在人们心头。时任日本首相称它为"二战"以来日本遭遇的"最困难的危机"。地震震中位于太

2010 年新西兰克赖斯特彻奇遭到的地震破坏

平洋底，距日本东海岸 70 千米，靠近日本海沟。地震又一次引发大海啸，而这一次的海啸达到惊人的 39 米高。海浪不仅吞没了超过 20 000 人，而且导致福岛核电站过载，其运行系统遭到损坏，致使堆芯熔毁，这是自 1986 年切尔诺贝利核电站爆炸后最为严重的核事故，让日本和世界各国都重新思考利用核电的危险。

　　地震和引发的火灾，其破坏力无疑是巨大的。庞贝城在 62 年或 63 年被一场地震摧毁殆尽，以致罗马皇帝尼禄视察后，建议将其放弃。安塔基亚是位于小亚细亚半岛上的一座海岸城市，但这座以贸易和娱乐而著称的城市却在 115 年、458 年、526 年和 528 年遭遇地震的重创；安提瓜岛在危地马拉，位于美洲中部，在 1586 年后的 300 年内被地震摧毁 4 次；尼加拉瓜首都马那瓜在不到 200 年内被地震摧毁 10 次。但是这些城市包括被破坏的里斯本、旧金山和日本等很多城市都在原址上得以重

2011 年东日本地震海啸给宫古岛造成的破坏

庞贝古城一座房屋上
的浮雕，刻画了 62 或
63 年发生的地震

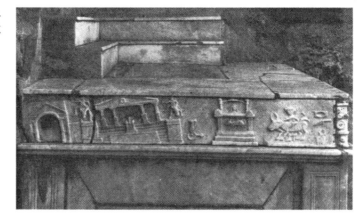

建并繁荣兴旺。唯独庞贝是个例外，这座城市命运多舛，在 79 年被掩埋在维苏威火山爆发的喷发物下。历史记载中唯一在地震和海啸后被或多或少放弃的大型城市就是牙买加皇家港，这座城市在 1692 年的地震中几乎全部滑入海底。

1835 年地震后智利
康塞普西翁教堂的废
墟（凹雕）

　　除了那些恐怖的景象，历史上地震究竟造成了多大
的影响呢？当然，肯定没有达尔文想象中的严重。达尔
文在 1835 年康塞普西翁地震后，深入城市废墟中考察。
沉思中，一个无比黑暗的景象萦绕在他脑海里：一场大
地震，会给英国造成什么样的破坏呢？然后他在日记中
写道："仅仅一场地震就足以让任何国家的繁荣付之一

1906 年地震和火灾后的旧金山市政厅

炉。"葡萄牙就是这种说法的一个可信例证。1755 年，葡萄牙首都里斯本受到地震的重创，随后其霸权地位动摇，影响力逐渐变小。20 世纪 20 年代，日本政府重建东京需要巨额资金，而全球经济萧条在 30 年代接踵而来，二者产生的经济压力把日本社会推向军国主义的深渊，最终导致日本加入法西斯阵营，投入"二战"中。在墨西哥，执政党因未能妥善应对 1985 年墨西哥城地震导致的灾难，其自 20 世纪 20 年代以来长期掌握的执政权受到明显削弱。

在更加久远的历史长河中，地震在城市和文明的湮灭中可能扮演着更加重要的角色，但这很难从现有记录中加以确定。可靠的历史记录显示，最早的几次地震分别发生在公元前 780 年的中国、公元前 464 年的古希腊

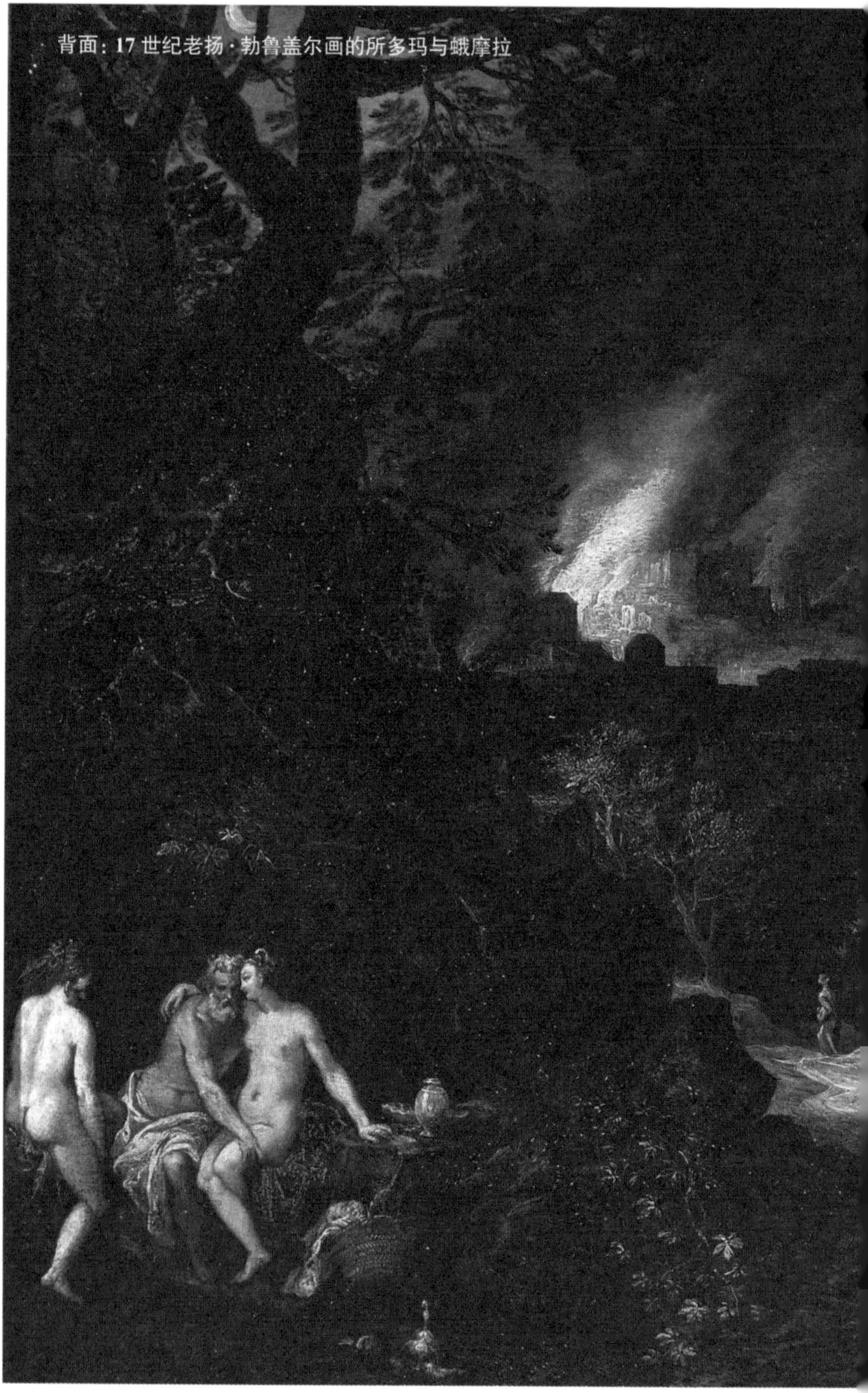

背面：17 世纪老扬·勃鲁盖尔画的所多玛与蛾摩拉

和 416 年的日本。而根据中国古代《竹书纪年》记载，早在公元前 1831 年，位于今中国山东省的泰山曾发生震动。根据西方传统故事中对所多玛和蛾摩拉的描述，这两座城市很有可能是毁于一场大地震。但因为这两座城市的遗址尚未发现，这个说法并不可信。地震也很可能是传统故事中一些事件的起因，比如耶利哥城墙的倒塌和摩西分红海；地震还可能是青铜时代，土耳其、古希腊、克里特岛等地文明遭遇灾难性毁灭的一个因素。

公元前 2000 年到公元前 1150 年左右，这些文明没入历史长河中，留下的只有大量的考古遗址，包括特洛伊、迈锡尼、克诺索斯和其他城市。约旦佩特拉和墨西哥特奥蒂瓦坎的毁灭也有证据证明是地震导致的。

但是，考古学家对于地震在文明发展中的重要作用却莫衷一是。当代考古学家认为地震和历史上的文明毁灭没有关系，并转而倾向于人类的作用，比如战争、侵略、社会压迫、剥削环境等。对于青铜时代文明的湮灭，考古学界的通常解释是，由某些神秘的海上民族入侵导致的，但这些民族的来历却让考古学者困扰已久。"考古学家找不到明显的原因来解释一个城市的毁灭时，他们很乐意把这种毁灭归因于一个不知名敌人导致的不测之祸，而不归因于自然的变幻莫测。"地球物理学家艾默思·努尔在书中写道。但也有一些值得注意的例外：

在 20 世纪上半叶，一些学者赞同地震可以毁灭文明的观点，其中包括克诺索斯遗址的第一位考古挖掘者亚

考古学家阿瑟·埃文斯重制的克诺索斯宝座室

瑟·埃文斯、特洛伊遗址的考古挖掘者卡尔·布莱根和克劳德·谢弗，他于1948年写了一本这个学科领域内颇受争议的书。然而大多数学者一直不认同这种观点，例如在《青铜时代的终结：约公元前1200年前战争的变化和灾难》中罗伯特·德鲁兹极力抨击地震导致文明覆灭的观点；贾雷德·戴蒙德在《崩溃：社会如何选择成败兴亡》一书中根本没提及地震或火山爆发。质疑者们问道：如果地震确实有那么重大的影响，那么有力的证据在哪呢？

努尔就尝试在书中提供有力的证据。努尔利用从考古现场发掘的证据，尤其是在其祖国以色列发掘的证据，说明如何通过分析考古记录中地质构造、断层、结构运

在公元前 1400 年杰
里科地震中被"斩
首"的尸骸，但根据
地面裂痕判断，这具
尸骸并不是被地震斩
首，而是被随后的断
层活动分开

动、人类遗骸、倒塌的石柱和墙体及石刻等线索来断定
地震灾害。例如在书中耶利哥的部分，他写道那里的考
古挖掘者在倒塌的城墙下发现谷物以及被城墙压住的两
具人类骸骨。如果这座城市真被某个敌人征服，而且在
这之前其城墙并未因地震倒塌，那么如此珍贵的谷物肯
定会被侵略者掠夺。

在迈锡尼部分，他写道迈锡尼外城墙的巨型石块是
建立在断层崖上的，而这个断层崖肯定产生于一场大型
地震。努尔将 1900 年到 1980 年间发生地震地面运动频
率最高的地区形成的地图叠放在公元前 1225 年到公元前
1175 年间地中海东部被毁灭的青铜时代城市地图，发现
地震地面运动烈度最高点和被毁灭城市所在的位置高度
重合，因而努尔推测古代强烈的地震地面运动同样可能

捷克共和国卡尔什特
因堡垒里描绘地震的
景象

是推动这些青铜文化走向消亡的原因。然而，尽管努尔
的所有证据都不能直接推导出结论，可也不是只有提示
作用，因为不论在古代世界，还是现代社会，如地震一
类的自然灾害至少在有些时候肯定能够影响人类历史的
走向。

2. 1775年里斯本：怒火

18世纪中期，里斯本的毁灭深刻影响了现代欧洲人的生活，不亚于20世纪中期广岛原子弹爆炸给日本人产生的精神冲击。在之后一个世纪中，里斯本大地震成为自然灾害的标志性词语，就如同79年掩埋了罗马古城庞贝的维苏威火山喷发一样。巧合的是，庞贝古城的遗址于1749年重现于世，和里斯本大地震发生的时间相近。

因此，1848年（欧洲革命之年），在伦敦摄政公园翻新的罗马圆形大剧场举办了一场讲述1755年11月1日里斯本大地震、海啸和火灾的展览。可移动的画作伴随着戏剧音乐，这场展览取得了巨大的成功。伦敦新闻画报极为详尽地描述这次"里斯本圆形画幕"的展览，说：

开场时，塔霍河瑰丽、多样、壮丽的美景尽收眼帘，滚滚的河水在观众心中催生别样的美感。剧院看起来像是一艘大船，顺流而下，经过一个又一个景观：多山的河岸、大小船只、商船、三桅帆船

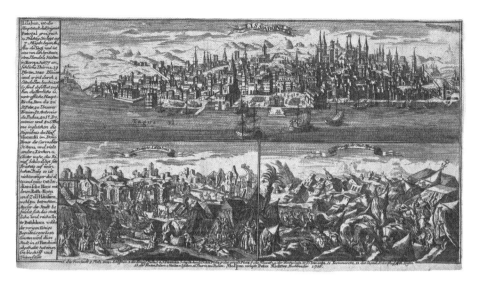

**德国蚀刻画中表现的
里斯本地震**

（地中海沿岸商船）、城堡、高楼、宫殿、各式各样的领事馆，最后是里斯本城以及城内富丽堂皇的建筑，所有美景在一瞬间尽数毁灭。最后一幕是里斯本大广场，那里矗立着绝美的宫殿，鳞次栉比的街区，硕大的拱门，典雅高贵的台阶、花瓶和其他巨大的装饰物，无一不引人赞叹，更有精美的阿波罗像和喷泉。

展览的声带包含了多个经典乐选段，比如贝多芬的《田园交响曲》、莫扎特的《唐璜》、门德尔松的《婚礼进行曲》、海顿的《地震》，再加上葡萄牙舞蹈和巴西乐曲，因为葡萄牙在南美殖民地开采的巴西金矿为这时期建造里斯本提供了资金。音乐是由一个巨大的乐器——阿波罗风琴——轰鸣而出，这个乐器有 16 个踏板、2 407 根管子，由位于伦敦苏活区的贝文顿风琴制造商制造，由一位名为皮特曼的先生演奏。地震时，剧场传来吼叫的声音，接着就是一阵骇人的破裂声，此时舞台顿时陷入黑暗。

舞台灯光再次亮起后，呈现在眼前的是一幕可怕的景象：

> 天幕降下，好似近在咫尺，压迫着在浪花中跌跌撞撞的船只，大小帆船最终步入消亡。恐怖、绝望，除此以外，别无他感。浪涌过后，城市显现，只是遍布废墟。刹那之前，观众还在感叹这些建筑的精妙之处；一场意外将所有的美好连同 30 000 余人压进同一片废墟中。

《伦敦新闻画报》报道称，"总体来说，很难有比这更壮观的图画奇观了。"这场圆形画幕展览广受好评，以至于展览持续到 19 世纪 50 年代。在 1851 年，这场里斯本大地震的圆形画幕展览和庞贝古城的陷落展览一同在万国工业博览会上一较高下。

在几年后的 1858 年，查尔斯·狄更斯在葡萄牙的旅途中感受到了这场百年前灾难的影响力。在日记《家常话》中，狄更斯想象出一个由里斯本大地震导致的恐惧对比画面：

那天晚上，从布拉干萨酒店的窗户望去，河湾里的河水翻滚着，呈银白色。抬眼望去，可以看见一条马路和远处守护在塔霍河河口的贝伦塔。楼下一排排的屋顶，在月光中显得格外宁静；曾经高冷的月亮，也变成柔美的月牙，我甚至可以想象自己身处摩尔古城的情景。我虽坐在布拉干萨酒店阳台的椅子上，但月光跳跃之间，却遨游在绮丽的幻想中。内皮尔的《半岛战争》从手中滑落，我想象着，在那个11月的上午，我站在那个安全的屋顶上眺望着那座安静的城市。突然，房屋开始摇晃、颤抖，像是处在风暴骤起的大海中。在如月食一般的昏暗中，我看见脚下和四面八方的建筑分崩离析；地板在好似大炮引发的震动中坍塌。哀嚎、恸哭回响在耳旁，海浪猛烈地拍击着港口，高高涌起吞没了地震留下的一切。砖墙、房梁被扔向空中，又轰然下落，周围全是被爆燃的大火烧红了的砖石。街道上，烟尘弥漫，烟尘之中死尸盈路，哀嚎遍野。惊恐尖叫的人群一窝蜂地四处乱窜，就好像屠宰场血红色大门关闭时里面的绵羊。

爱德华·佩斯在书中对里斯本大地震的讲述很是吸引人，不过他在书中承认说，10个受过良好教育且游历丰富的欧洲人中，有9个仍然没有忘记庞贝末日。然而，今天里斯本的毁灭被大部分人遗忘。即便这时期的一些专家学者也忽略了这场灾难。"这太让人困惑了",顶尖地理学家皮特·古尔德评论说,"这场毁灭性的环境事件就发生在欧洲启蒙运动的核心时期,却很少在传记作家和历史学家的很多经典作品中留下一丝痕迹。""如果伏尔泰在 1755 年没有写下关于这场灾难的著名诗篇(之后 1759 年写出小说《老实人》),你甚至可以怀疑这场大地震是否会干脆从人类记忆中消失。"古尔德写道。

或许,这种令人意外的记忆缺失至少可以从某种程度上得到解释。我们已知的是,考古学家通常不认为地震或其他自然灾害是文明演变的原因,进而选择忽略这些因素,反而更倾向于人类的作用。总体上来说,历史学家也是如此。所以广岛和奥斯威辛最有可能作为 20 世纪灾难的广泛代表而为人所铭记,然而旧金山和东京遭遇的灾难在全球范围内引起的共鸣要小得多,尽管两地地震相关灾害频繁发生。庞贝差不多是最为特殊的自然灾害。庞贝末日现在仍然被铭记,一部分是因为庞贝居民无视维苏威火山即将爆发的征兆,而加深了他们遭受的苦难。相比之下,里斯本地震发生前没有任何前震,因而没有给城内任何居民哪怕一丝逃生的机会。

而且,庞贝古城遗址依然存在,并且吸引数以百万计的游客,而里斯本地震遗址起初也有大量游客前往,这些游客往往着迷于里斯本哥特式建筑的沉郁风格,遗址最终还是被清扫一空,用以建造一座新城市。

此外,在当时和之后的几十年间,葡萄牙作家在回忆录和世俗文学中纷纷规避那场地震。葡萄牙没有伏尔泰一般的诗人来撰写关于大地震的诗歌，地震对葡萄牙人生活的影响也并没任何现代记录。相比之下，日本作家在东京关东大地震后的一段时间反应相对积极，再后来黑泽明在自传中更是着重描写那场自然灾害。确实，我们现在所知的关于1755年那天和之后几日发生的恐怖景象，绝大多数来自外国人的叙述，他们都经历了那场大地震，其中很多是旅居当地，想和葡萄牙人做生意赚钱的英国商人。葡萄牙的地震亲历者受到了严重的精神创伤，还得在王室、政府的严密监视下过活，他们不愿意把自己的感受诉诸笔墨。

总的来说，如果葡萄牙当时影响力更大，那如今了解里斯本地震的人很可能会多一些，这么说是有道理的。事实上，尽管里斯本国库丰盈，土地辽阔，是继伦敦、巴黎、那不勒斯之后的第四大城市，葡萄牙还是被欧洲各国视为落后地区，经济实力疲软、政治力量孱弱、人才匮乏，几乎不生产任何产品，几乎全靠进口。从英国进口的纺织品、玩具、手表、日用杂货、武器弹药，用从巴西米纳斯吉拉斯挖掘的黄金支付，到18世纪中期，葡萄牙流向伦敦的金子多达2 500万英镑。统治葡萄牙长达半个世纪之久的若昂五世从巴西获得巨额收益（来自黄金交易征收的皇家税费），他将其中的五分之一用于建造雕像和宫殿；同时被誉为欧洲最富有的独裁者，因此也很少召集大臣。1742年，若昂五世身染疾病，国事就落入神职人员之手。到 1750 年，有专家表示，当时葡萄牙人口总数不到 300 万，而神职人员却有近 20 万。

在 1750 年的一天，里斯本发生了一次轻微地震，当天若昂五世去世。他的儿子若泽一世继承了王位，这位继任者的主要兴趣是骑马、玩牌、观看戏剧、听歌剧。

里斯本大地震发生之前在里斯本和葡萄牙其他地区仍然有一些不祥的自然现象。地震之前，天气异常，这种现象常常被视为大地震的前兆。10 月 31 日地震前一天，来自汉堡的德国领事发现气温比往年秋冬季略高，一团雾从海上滚滚而来，这让人感到奇怪，因为通常只有在夏季才能看到这种现象。然后，风把雾吹回海上，接着这团雾渐渐变浓，浓到德国领事看不见海面。他觉得，在这团后退的浓雾后面，他能够听见海面咆哮着迅速上涨。海岸边，晚潮比平常迟了两个小时，让渔夫们警惕地把船泊在岸上高处。同一时间，一个村庄里的喷泉几乎干涸；另一个地方的井水则完全干涸；一名外科医生注意到几天有不少人抱怨饮用水有股奇怪的味道，在另一个地方，空气中弥漫着硫黄的味道；动物也行为异常，这同样是大地震前的常见现象：狗、骡子和笼子里的鸟毫无理由地烦躁易怒，兔子和其他动物都逃离自己的洞穴，虫子大量爬到地面上来。

但是没人有足够的经验，去根据这些现象预测地震。在这之前，里斯本曾遭遇过一次强烈地震：1531 年那场地震造成 30 000 人罹难。1724 年里斯本也曾被强震袭击，不过据经历者回忆那次地震的破坏小得多。接着在 1750 年，里斯本又遭遇了另一次地震（若昂五世去世当天），然而这场地震太过轻微，没有让当地人像同年的伦敦人一样警醒。

强震从 11 月 1 日早上 9:30 开始，持续大约 10 分钟，对比之下，1923 年日本东京关东大地震持续了 4 到 5 分钟，1994 年加利福尼亚北岭地震持续了 8 秒，1884 年科尔切斯特发生的英国大地震持续了大约 5 秒。里斯本大地震有 3 次明显的地震波，中间间隔不到 1 分钟，其中第 2 次地震波最为强烈，据地震学家后来基于城市毁坏程度估测，第 2 次地震波震级高达 8.5 到 8.8 级。当地的英国领事写道，15 分钟内，这座宏伟的城市化作一片废墟。余震持续了一天一夜，每次间隔不到 15 分钟，11 月

地震前塔霍河上的里斯本景观（凹雕）

里斯本圣尼古拉斯教堂的废墟

8 日（一星期后）余震达到顶峰。1761 年又一次发生了大规模地震，持续至少 3 分钟，可能长达 5 分钟，导致 1755 年地震废墟中很多残留的建筑最终倒塌。

11 月 1 日是万圣节，因此地震时很多里斯本居民还在众多金碧辉煌的教堂里参加活动。

原本安排在晚上演出的《特洛伊的覆灭》也永久取消了。有些人则被厨房炉火引发的大火烧死（和 1923 年东京一样）。火势猛烈，即便 17 天后，废墟依然炽热，蒙受财产损失的民众无法去搜寻幸存的贵重物品。还有些人溺亡在海啸中。海啸引起的水墙起于塔霍河，奔涌而来，所有目睹的里斯本居民都知道那是什么，因为他们听说过 1746 年利马大地震中被海啸吞噬的秘鲁卡亚俄港和 10 000 条无辜的性命。里斯本大地震中，第一波海浪高达 12 米，随后海浪又来袭两次，淹没了街道、广场和花园，从码头区往陆地延伸 180 米的范围内无一幸免，全被海水淹没。海浪还卷走了海关大楼前的码头，这座码头刚刚建好，功能完善，被一起卷走的还有在码头边焦急等船的逃难的人。在塔霍河河口，海浪把重达 25 吨的巨石朝着陆地扔了约 27 米远。葡萄牙南岸的阿尔加维，有些地方的海床暴露出来，深达 37 米，第一波海浪甚至高达 30 米。这场破坏之严重，以致到 20 世纪早期里斯本都没有得以重建。

理查德·沃尔福是一位来自英国的外科医生，在地震的第一天，他就开始照顾伤员，从中午一直忙到晚上。

里斯本大地震中，莱昂纳多·罗德里格斯把自己的女儿从瓦砾中挖出来。画中文字记载，罗德里格斯特意委托制作此画，以感激他孩子奇迹般的存活

几周后，在给朋友的信件中，他尽力还原了那场灾难的末日氛围：

　　掩埋在废墟中的人，尖叫着、哭喊着，死者相枕，那种恐怖的景象只有亲历者才能体会到，他们的恐惧和震惊难以言表，哪怕是最勇敢的人也为之胆寒，不敢停留一刻去从石堆里挖出自己的挚友。即便有很多受困者被人从石堆中挖了出来，但在那一刻人人求自保，逃到开阔地带或街道中心，才是最安全的。相比于想要夺门而出的人，高楼层的人比较幸运，因为他们和路人一起埋在废墟最上层，被解救的可能性更大。乘马车的人最可能逃脱，但是他们的牲畜和司机却遭了大罪。然而，那些在家中和街上被废墟掩埋而遇难的人比在教堂里遇难的人少得多，因为里斯本的教堂比伦敦和威斯敏斯特之和还多，而地震发生时，每一座教堂都挤满了人。

　　若这般惨剧了结于此，倒也能给人们一些机会。那些埋在废墟下的人多少能有获救的机会，然而这种希望也几近破灭。地震后2小时，有3处地方发生火灾，开始是一些商品着火，然后是厨房用火引发火灾，最后火焰四起。确实，所有的祸根好像商量好了似的，一起肆虐。就在地震后不久，只在瞬间，满潮线附近又升起12米高的海浪，而后突然落下。如果海浪持续前进，那整座里斯本城都将被海水淹没。当我们有时间恢复理智，理清思绪时，我们脑海里除了死亡，别无其他。

地震、火灾和海啸造成的死亡人数无法确定。据估计，里斯本很可能有 30 000 到 40 000 人罹难，葡萄牙、摩洛哥和西班牙有 10 000 人罹难。一个世纪后，《伦敦新闻画报》报道里斯本死亡人数超过 30 000。里斯本所有的医院均化为废墟或焦土，监狱和市政办公场所也都土崩瓦解。四分之三的建筑完全消失或严重损坏，40 个教区里至少 30 个没有教堂可用。这场破坏导致的经济成本

2004 年在里斯本科学院下挖掘出了一座大型墓地，埋有超过 3 000 具里斯本地震遇难者遗骸

相当于当年秋季巴西货船货物总价的 20 倍，或 1666 年伦敦大火造成经济损失的 3 倍。

地震震中仍然不明确，不过毫无疑问位于大西洋中，因此才引发海啸。震中可能位于圣文森特角西南偏西方向 200 千米处，这个判断的部分原因是 1969 年该区域也发生了一场 7.3 级地震，震级虽没这次高，但空间分布相似，同样也引发了海啸。这种说法就将里斯本大地震的震中定位在亚速尔—直布罗陀断裂带上，靠近从亚速尔穿过直布罗陀海峡直抵地中海的断裂线上，即非洲板块和欧亚大陆板块的交界线上。

马德拉群岛位于大西洋上，在圣文森特角西南方，是葡萄牙的殖民地，在震中的另一侧。根据当地一位运送马德拉葡萄酒的船夫说，地震时，当地居民听到空中传来一阵低沉的响声，"好像是一架空马车急速通过石板路的声音"，接着上午 9:38 时，房屋开始震动，持续大约 1 分钟，但并未造成人员伤亡和破坏。在西班牙南岸的直布罗陀巨岩附近，英国部署的排炮因地震，有的升起，有的下降。欧洲和北非的其他地区，即便远在 2 400 千米之外都仍有震感。地震的影响覆盖了惊人的 1 600 万平方千米的范围。地震还在英国的湖泊中引发假潮（水位浮动），包括苏格兰尼斯湖湖水的强烈搅动，其中一个大浪差点摧毁沿岸的一个啤酒厂。在远离震中 3 500 千米的芬兰，图尔库（奥布）港的水面上水波四起。而地震引发的海啸影响更加深远。海啸波及英格兰西南部半岛上的康沃尔，致使康沃尔部分海岸上的居民陷入骚乱。在大西洋另一侧的加勒比群岛上，海岸线后退 1 600 米之多，让一艘原本停泊在荷兰安的列斯群岛 4.5 米深水域的船只搁浅，而后涨回至 6.5 米深，淹没了西印度群岛上的低地和房屋上层。

此时，当地政府进行了有史以来第一次大地震后的系统数据采集工作。他们锐意改革，有力指导灾难应对措施，在各个区域发放了一份官方调查问卷，里面列有 13 个问题，包括地震灾害的各个方面，比如地震的时间和震动方向、前震和余震的次数、地震对水体（包括喷泉和水井）的影响、裂缝的长度、海啸前的海水运动、罹难人数、火灾持续时长、建筑的损坏程度、食物短缺情况、公职人员（包括政府公务员、军队人员和神职人员）采取的紧急措施。

举个例子：你是否感觉某个方向的震动强于其他方向？建筑更多往哪个方向倒塌？海水先涨还是先落？海水上涨高于平常水位多少厘米？"收到的答案都储藏在里斯本国家历史档案馆里，现在仍可以查阅。"地震历史学家查尔斯·戴维森说，"里斯本地震是有史以来第一场使用现代科学方法调查的地震"。

英国皇家学会收集了全国各地和海外地区关于里斯本地震影响的数据，补充了 1750 年英国多起地震的数据。约翰·米歇尔是剑桥大学的一位天文学家，他担起重任，利用牛顿力学知识分析地震运动亲历者的报告和叙述。最终，米歇尔得出了一篇有瑕疵但至关重要的地质学论文：《对地震现象的观察和对其起因的推测》，于1760年出版在皇家学会的《哲学汇刊》。

米歇尔得出正确的结论：地震是地表以下数千米处巨型岩石运动造成的波，但是他把这种岩石运动错误地解释为地下水遭遇地下火形成的水汽喷发导致的。此外，他得出一个同样正确的结论：这种岩石运动发生在海床以下时，也会导致地震和海浪涌起。他说，存在两种地震波：首先是地下的震动，紧接着是地表的震动。由此，他认为地震波传播的速度可以用到地表不同地点的时间来决定。里斯本地震影响范围广泛，这些时间可以从受影响地区的亲历者报告中粗略算出，所以米歇尔算出里斯本地震波的传播速度是每小时1 930千米。米歇尔是第一位尝试计算出地震波传播速度的科学家，虽然计算结果不精确，而且他也没意识到地震波的传播速度会随着岩石材质的不同而变化，但是这种尝试具有里程碑意义。而后，他又进一步分析认为，地震的地表起源地（也就是我们现在所说的"震中"）可以通过结合地震波到达时间的数据来定位。他出于好奇，选择了依靠海啸方向的报告来计算里斯本地震震中位置，尽管这个计算方法与前面的方法不同而且不精确，但米歇尔定位震中的理论原则却是现在定位方法的基础。

米歇尔虽然是一位牧师，也没有让谬论插手自己的科学分析，这是一个启蒙运动的标志，而米歇尔就身处其中。但是科学领域的另一位英国牧师威廉·沃伯顿（后成为格洛斯特教堂主教）很难接受里斯本大地震的事实。他也因地震处在一个异常尴尬的位置。地震后，伏尔泰因宗教信仰和世俗社会的乐观态度大为恼火。当时戈特弗里德·莱布尼茨（哲学家、数学家）以及亚历山大·蒲柏（诗人、散文家）二人的观点颇具影响力。在1710年出版的关乎好与坏的著名文章中，莱布尼茨认为这个世界是"所有世界中最美好的世界"。在1734到1735年的著名诗篇《人论》中，蒲柏说：

> 整个自然都是艺术，不过你不领悟；
>
> 一切偶然都是规定，只是你没有看清；
>
> 一切不协，是你不理解的和谐；
>
> 一切局部的祸，乃是全体的福。
>
> 高傲可鄙，只因它不近情理。
>
> 凡存在的都合理，这就是清楚的道理 *。

在11月24日，收到里斯本地震灾难的第一手新闻后，伏尔泰告诉他在里昂的银行家朋友说：

> 人生简直就像一场赌运气的游戏！如果宗教裁判所还屹立不倒，那些布道者会说什么。我敢说，

---

* 译者注：王佐良译。

他们会像其他所有人一样。这教会人们不要去迫害他人，因为一些无赖如果烧死一些狂热分子的话，地球就会把他们吞噬殆尽。

1756 年在巴黎匿名出版的关于地震的诗中，伏尔泰质问乐观主义者如何解释里斯本遭遇的毁灭。他写道，为什么不是堕落的伦敦或巴黎？为什么里斯本化作一堆废墟，而他们却在巴黎夜夜笙歌？后来，在《老实人》中关于里斯本地震篇章里，他讽刺了三种典型反应，即普通人的反应、哲学家（潘格罗斯博士）的反应和无辜之人（老实人）的反应：

> 水手打着呼哨，连咒带骂地说道："哼，这儿倒可以发笔财呢。"邦葛罗斯说："这现象究竟有何根据呢？"老实人嚷道："啊！世界末日到了！" *

葡萄牙首相庞巴尔对待这场灾难的态度和伏尔泰相仿。震后，这位务实的首相立刻建议笃信宗教的国王说："（您问我）怎么办？我认为我们应该安葬死去的亡魂，抚慰惶恐的生灵。"这种政策让他深得民心。1756 年 11 月，加布里埃尔·马拉格里达预言第二场大地震将发生，惹得庞巴尔将其驱逐。三年后，庞巴尔将一些宗教人员

---

* 译者注：傅雷译。

从葡萄牙领土上驱逐出去。1761 年，在庞巴尔兄弟领导下，宗教裁判所在里斯本审判马拉格里达，判定实施绞刑。绞刑后，马拉格里达的尸体被架在火刑台上施以火刑，他的骨灰被撒到塔霍河里。同时，庞巴尔愈加专断独裁，意图重建里斯本城。重建工作一直持续下去，1777 年庞巴尔早已失去权力，其皇室后台若泽一世崩殂，即便如此重建工作仍未停止；1796 年和 1801 年又发生两次地震，直到 19 世纪时，重建工作仍在进行中。

数十载春来秋去，里斯本往日繁华已恢复无恙，可总给人怅然若失之感，悲怆的葡萄牙音乐法朵自 19 世纪 20 年代就萦绕在里斯本的街头巷尾，不免回肠伤气。50 年代，狄更斯游历里斯本，他发觉尽管这座城市五光十色、魅力不减、生机勃勃，但这里的普通人脸上从未有过笑意。

1766 年米歇尔·范洛所画的庞巴尔侯爵

1908 年意大利墨西拿地震中水手正在帮助幸存者

3. 地震学的起源

　　地震学是一门新兴学科，起源于18世纪中期。在这一时期，伦敦正处于历史上的地震多发时期，皇家学会也开始制作地震报告；1755年，里斯本遭遇地震袭击，葡萄牙政府在受袭击的教区发布地震调查问卷；1760年，皇家学会出版天文学家约翰·米歇尔的地质学论文。如前所述，米歇尔正确地发现地震波运动。在大西洋的另一侧，哈佛大学天文学家约翰·温斯罗普四世和米歇尔观点相似，但是论述不太充分。1755年，马萨诸塞湾北部的安妮角发生海底地震，位于波士顿的温斯罗普看见自己家烟囱的砖石在震动中晃动，砖石先是挨个晃动，然后掉到原来的位置，他形容这种运动为"土地似波浪般前进"。然而，两位学者的这种早期观点直到19世纪中期在科学界都无人问津。

　　而在18世纪到19世纪之间，也就是1783年2月和3月发生的6次灾难性地震，令世界上第一个巡回地震调查组得以成立。这6次地震发生在意大利西南部、那不勒斯南部的卡拉布里亚大区，导致35 000人殒命，包括那不勒斯战争部长家 6 名成员，并且导致严重破坏。但奇怪的是，破坏的范围并不广，仅限于当地。城镇被夷为平地，而附近城镇却安然无恙。这种破坏程度上的差异为调查者提供了宝贵的数据，让他们得以初次尝试衡量、对比地震的影响。那位战争部长走遍了受灾地区，注意到六场地震中震级最大的那一场（3 月 28 日发生，也是最后一场），导致的伤亡程度并不是最大的。他想，原因可能是那时当地居民已经被早前的地震吓到了，都逃至户外，远离建筑物了。那不勒斯王国科学与文学学院在超过 150 个城镇和村庄进行调查，形成了 372 页的报告，包括地图、每次地震的时间、遇难者人数、破坏程度、余震、海浪、对生还者的影响及灾后流行病，同

1783 年意大利雷焦卡拉布里亚遭受的地震破坏

地震学先驱罗伯特·
马莱

时也描述了当地的地理状况。

报告并没有形成地震方面的理论，但确实推动了首个地震烈度标度的产生，这是人类最早尝试量化地震现象的措施。这个烈度标度是意大利物理学家多米尼克·皮尼亚塔罗提出的。

1783 年 1 月到 1786 年 10 月间，皮尼亚塔罗研究了对意大利地震的全部 1 181 个记述，根据遇难者人数和破坏程度，对这些地震进行分类，分类挡位是"轻度""中度""重度""极重度"，而唯独卡拉布里亚不在分类列表中，他将其评价为"剧烈"。

起初，科学家们衡量地震的工作干得热火朝天。烈度标度的完善必须等到下一次强烈地震才能进行，而在1857年12月中旬强烈地震发生了。地震袭击了靠近那不勒斯的一个地区，被认为是有记载以来欧洲第三大的地震。这场地震的消息一传到英国，就立马吸引了罗伯特·马莱的关注。彼时，马莱是一位卓越的土木工程师，来自爱尔兰，同时也是英国皇家学会成员。1830年，马莱在一本书中看见一幅简图，显示两根石柱的上半部分在卡拉布里亚地震中扭曲变形，而石柱仍然屹立不倒，这引起了他的兴趣。他试着找到导致这种扭曲的自然力量，可并没有找到令人信服的答案，因此他迅速对地震现象着了迷。20年间，他收集尽可能多的地震历史资料，制作了一个世界地震目录，包括6 831个条目，罗列了地震的日期、位置、地震次数、可能的地震波方向、时长，连同相关影响的记录。1851年，马莱也进行了人工地震实验。他把炸药放在地下，然后在地表放置一个容器，里面注入水银，掐着秒表，计算炸药爆炸到地表形成震波之间的时间间隔。在水银上方放置一个十字准线，通过放大器观察十字准线在水银上的投影，地震导致水银哪怕一丝丝的震动，投影的图像也会模糊或消失。通过这个地震检波器原型，马莱发现了地震波在不同介质中传播的速度：据他计算，地震波在花岗岩中的传播速度是在砂质土壤中的2倍左右。但是，这种速度比地震波的真实速度慢很多，也比马莱自己估计的慢，可能因为他的地震检波器没有检测到第一波地震波。

1857 年地震后不到两周，马莱向皇家学会递交申请，希望报销考察那不勒斯王国受灾地区的部分费用。仅在过去 10 年间，他告诉皇家学会会长，"地震学将成为重要学科"。地震学发展迎来良机。皇家学会立刻拨款 150 英镑，而后马莱在 1858 年 1 月开始调查，他在随后的报告中写道：

> 调查者初次进入一片受地震袭击的城镇时，他发现自己置身于一个完全混乱的局面中。满眼皆是碎石烂瓦，大量石块、灰泥堆积在一起，栋木混杂在里面，有的倒在地上，还有的突兀地站立着。断井颓垣，令人心悸。
>
> 抬眼一瞧或粗略观察一番后，震后的场景混乱依旧。似乎每个方位上的房屋都已被夷为平地，没有主要的规律或迹象可以揭示地震波的主要传播方向。所以，调查者首先只能爬上一个制高点，概览全局，观察那些破坏最严重和最轻微的地方，而后手拿指南针，一座房子顺着一座房子，一条街顺着一条街，仔细检查废墟里的细节，试着找出地震波传播的方向，并将这些细节和以前观察到的相对比。最终，我们认为这种明显的混乱其实只是表象，而且对于所有地震而言，都是如此。

　　马莱对建筑物的每一处裂缝都进行了专业的评定，由此编订出一个等震图，即相同破坏力或烈度的地震灾害连成的等位线图，现在这种方法经过改进后仍然用于制作地震风险地图。虽然马莱过度依靠物体的倒塌方向和建筑物中裂缝的类型，并把这些当作地震运动的线索，但事实上，墙体上不同的裂缝主要是由不同建筑结构导致的。马莱编订的地图让他能够估算地震震中和相对强度。他还运用照相技术，记录了地震造成的破坏。然后，马莱向皇家学会进行了仔细报告，并撰写了一份长达两卷的研究成果，《1857年那不勒斯大地震：观测地震学的首要原则》，这份研究成果在1862年出版。在其他地方，他也出版了世界地震烈度地图，首次表明地震现象集中在地球上的某些带状附近。然而，人们对地震分布的形成原因，包括板块运动学说，直到一个世纪后才出现。然而此时，马莱对地质科学界的注意力都集中在这种难解的地震分布模式上。

　　地震震级常见于报纸中，而地震震级和烈度不可混淆。两种标准均可衡量地震强度，但是震级是从地震仪钟摆振动中计算出来的，而烈度指人造建筑肉眼可见的破坏程度、地表变化，比如裂缝，以及第一手报告，例如地震对一个司机的影响。烈度衡量的是人观察到的地震结果；而震级是科学仪器测量得出的结果。

　　现在通常使用的烈度标度是基于1902年意大利火山

学家朱塞佩·麦加利提出的烈度标度改进后形成的。但这个烈度标度有严重的缺陷。略读之后就能发现，烈度标度的衡量标准具有主观性，并且依靠建筑的质量。而建筑的质量是无法轻易评估的，比如一场地震后，一座房屋可能依旧立在原地，而隔壁的房屋可能已经倒塌。在日本东京关东大地震中，砖石和加强水泥建筑物遭受的毁坏影响巨大，但是在印度村庄遭受的地震灾害中却影响甚小。事实上，加利福尼亚的地震科学家曾建议改进麦加利烈度标度，将超市、酒水店和家具店受到的扰动，甚至是水床上的振动，纳入烈度标度内，以正确评估加州地震灾害。最后，麦加利烈度标度压根就没考虑观测者距震中的距离，这也是最让人不认可的地方。

靠近观测者的小型地震的评定烈度可能比远离观测者的大型地震的还高。

但是，地震烈度标度的作用仍然非常大，因为世界很多地区缺乏能够衡量强震中地面运动情况的地震仪。而且，20 世纪前的地震记录只包含地震烈度报告，所以地震烈度报告是比较 20 世纪前地震和现代地震的唯一量化方法。

继马莱的研究后，测量地震震级等进一步研究工作需要现代地震检波器的优化。地震检波器的主要结构是一个自由悬挂物体——钟摆，这个物体系在一根弹簧上，可以左右摇摆，上下振动。左右摇摆对应地面横向、水平运动，上下振动对应地面垂直运动。地震时，检波器

1931 年改进后的麦加利地震烈度表

烈度	状　况	烈度	状　况
I	只有少数在特定条件下的人才有震感	VII	特别设计的建筑发生轻微损坏；普通建筑发生严重损坏，部分倒塌；劣质建筑遭到巨大破坏；墙板从建筑结构中脱离。家用烟囱、工厂大烟囱、支撑柱、纪念碑、墙体发生倒塌；沉重的家具发生倾覆；泥沙少量喷出；井水水位变化；汽车驾驶者受到干扰
II	静止、楼上或处于一定条件下的人有感觉	VIII	特别设计的建筑发生严重损坏；设计良好的结构建筑发生变形；坚固建筑发生损坏，部分倒塌；建筑与地基脱离；地面明显开裂；地下管道破裂
III	室内的人有感觉，振动如轻型卡车经过，很多人意识不到是地震	IX	一些木质建筑被毁，大部分砖石建筑和框架结构连同地基发生损坏。地面严重开裂；铁路弯曲；河岸和陡坡发生严重滑坡。泥沙大量涌出。河水涌上河岸
IV	室内有感，室外少有感觉。夜晚有人会惊醒；盘子、窗户、门发出声响；墙体发出开裂的声音；感觉重型卡车撞击建筑；停止的汽车会感到明显的颠簸	X	少有（砖石）能幸存。桥梁被毁；地面出现巨大裂痕；地下管线完全损坏，不能使用；柔软地面发生沉降和滑动；铁路严重弯曲
V	所有人都有震感，很多人惊慌，跑到室外；一些沉重的家具发生移动；一些油漆掉落，烟囱遭到破坏；地震造成轻微破坏	XI	几乎所有建筑均遭严重破坏或完全摧毁；地面形成波浪；地平线发生扭曲；物体被抛到空中
VI	所有人多跑到室外；经过优良设计和建造的建筑会发生肉眼可见的损坏；普通建筑可能发生轻微或中等损坏；劣质和设计不良的建筑会发生严重损坏；一些烟囱破裂；汽车驾驶者有明显震感		

的主体结构自然跟着地面震动，但悬挂物体的惯性让其不随主体结构一起运动，相反，它的运动会滞后。这种工作机制让检波器记录下悬挂物体和地面的相对运动，悬挂物体的运动可以在一卷移动着的纸张上记录下运动轨迹，而如今这种轨迹能以数字的形式呈现在计算机上，这种地震检波器就可以称为地震仪。

最早的地震检波器可以追溯到132年的中国，由天文学家、数学家张衡发明。这个装置配有8个龙首，面对指南针上8个主要方向。龙首安装在一个经过装饰的容器上，容器类似酒罐，直径约2米，底座上有8只蟾蜍，张着嘴，正对着8个龙首。如果发生地震，龙嘴里的铜珠会掉进下面蟾蜍的嘴里，叮当作响。掉落铜珠的龙首可能对应地震发生的方向，如果多个铜珠掉落，则表示地震情况更加复杂。

当时张衡地动仪的工作原理不可知，因此19世纪和20世纪的地震学家进行了大胆猜测，甚至还仿制了工作模型。不论其具体结构如何，张衡地动仪的工作机制肯定包含某种钟摆结构，主要用作传感，连接杠杆，导致铜球掉落。

不管怎样，根据《后汉书》记载，138年，张衡利用这个地动仪监测到一次大地震。这场地震发生在陇西（今甘肃天水），位于京师洛阳西北方向650千米处。两三天后，快马传书带来了这场灾难的消息。这次监测显然让那些曾怀疑张衡地动仪效果的人从此深信不疑，朝廷也指派一名官吏监视仪器的动静，而这个地动仪后来使用了几百年。

1751年，意大利科学家安德莉亚·比娜制作了第一个用于记录地面相对位移的地震检波器和摆锤，摆锤上安装一个指针，摆动时就会在静止的沙盘上留下痕迹，但并没有记录显示这个仪器曾真正用于地震。其他地震检波器，包括马莱的水银仪器，直到下个世纪才出现。

然而直到1875年，另一位意大利地震学家切基才发明了现代地震仪。这种地震仪能够记录水平和垂直运动，并在运动表面显示时间痕迹，利用两个成直角的钟摆测量地面水平运动和一个连接着弹簧的上下振动的钟摆测量地面垂直运动。但是这个地震仪不敏感，所以很少使用。根据切基地震仪测量绘制的震波图最早也只能追溯到1887年。在19世纪80年代，日本在地震仪领域取得了巨大的进步，切基地震仪也就落伍了。研究早期测震学的两位历史学家詹姆斯·杜威和佩里·拜尔利表示：

"尽管切基地震仪有一定意义，但在我们看来，地震仪在地震学中的引入要归功于19世纪后期在日本教书的一组英国教授。这些科学家发现了首批已知记录，显示地面运动随时间变化的情况。不仅如此，他们明白这些记录可能揭示地震运动的本质；他们用自己的工具研究地震波的传播，研究地震中地面变化的规律，从而更好地服务于建筑工程作业。"

LA DOMENICA DEL CORRIERE

NEL REGNO ESTERO)	Si pubblica a Milano ogni Domenica	Uffci del giornale :
Anno . . . . . . L. 5 — L. 10 —		Via Solferino, N. 28
Semestre . . . . . . » 2,50 — 5 —	Supplemento illustrato del " Corriere della Sera „	MILANO

Per tutti gli articoli e illustrazioni è riservata la proprietà artistica e letteraria, secondo le leggi e i trattati internazionali.

Anno XVI. — Num. 13.   29 Marzo - 5 Aprile 1914.   Centesimi 10 il numero.

La dolorosa fine d'uno scienziato: il direttore dell'Osservatorio vesuviano, prof. Mercalli, bruciato vivo nel suo studio, a Napoli.

(Disegno di A. Beltrame)

阿奇·贝尔特拉姆作品：火山学家、地震学家朱塞佩·麦加利死在实验室中

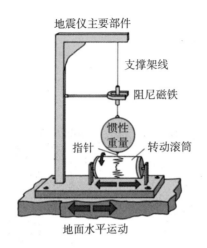

地面水平运动

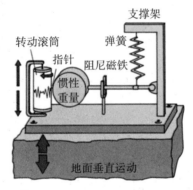

地面垂直运动

　　1870 年前后，明治天皇在位期间，日本快速向西方打开国门，日本政府开始聘用外籍人士在各部门的科学和技术岗位上任职，或在新建的东京帝国理工大学（1886 年成为东京帝国大学的一部分）担任老师。1865年至 1900 年间，有 2 000 至 5 000 位西方专家去日本工作，其中很多才 20 多岁。他们帮助日本进行现代化建设，但不握有实权。

　　讽刺的是，地震学就是外国专家应邀参与工作的领

19 世纪中国画家作品：张衡和地动仪

域之一。日本人已经习惯了地震活动，所以并不迫切希望研究地震。而住在日本的外国人敏锐地意识到这种不寻常的现象。在 19 世纪 70 年代，地震一直都是外籍教师常谈的话题。"我们时时刻刻能遭遇地震，早餐、午餐、下午茶和晚餐时都遇到过地震。"外籍教师约翰·米恩说道。因此，日本地震学的创立不仅要归功于日本学者，还有其他相关领域的外籍教授，包括地质学、采矿业和土木工程，大多数外籍专家来自英国。最终在1886年，世界上第一个地震学系在东京帝国大学建立，并由米恩的门生关谷成溪担任系主任。上一个世纪之交到来前，日本涌现了许多著名的地震学家，如大森房吉；也正在这一时期，日本以东京帝国大学为代表成为世界地震科学领域的领军者。出乎意料的是，直到1911年美国才有大学开设地震课程，也就是旧金山地震五年后，由旧金山大学开设，而且是以地质学课程的名义开设的。

米恩是当时日本外籍教授中最知名的。1876年，时年26岁的米恩从英国到达日本，担任采矿和地质学教授。随后在80年代成婚，他在日本生活到1895年。1880年，东京—横滨大地震后，米恩迫切请求设立日本地震学会，并坚持由一位日本人领导；成立后，这个学会成为世界上第一个致力于研究地震学的组织。1881年，米恩与英国科学家詹姆斯·尤因和托马斯·格雷设计了一个地震仪，放在东京帝国大学使用。1883年，其中一个地震仪在英国格拉斯哥制造，随后由英国科学促进协会献给日本明治天皇，所以从那年起，这种地震仪就广泛布置在日本国内。1895年，米恩教授回到英国后，主要负责在全世界建立地震监测站网络，而且在自己位于怀特岛郡什德的家中设立中央观测站，用来收集可供评估的数据，这些数据都出版在《什德地震报告》中，从

《日镜报》头版报道地震学家约翰·米恩去世,米恩日本妻子在左侧

1900 年到 1912 年米恩教授去世前一直连续出版,供各国读者参考。同时,米恩教授笔耕不辍,撰写了一本经典地震学书籍。尽管米恩教授对地震学的学术贡献不多,但相当多学者尊其为地震学始祖。

1880 年关东大地震产生了只在日本存在的分歧:日本传统木质建筑的倡导者和现代西方砖石建筑的倡导者意见不合,势如水火。日本建筑受地震的影响相对较小,而更容易着火;但西式建筑容易在地震中倒塌,但相对

防火。19世纪70年代，东京部分地区被一场大火焚毁
殆尽，于是致力于现代化的日本政府建造了一处砖石建
筑构成的民居和购物区——银座，由爱尔兰建筑师设计，
用作砖石建筑的样板。然而，即使银座商业区能够有效
避免火灾，但依旧无法吸引居民和商家进驻，这让日本
政府异常尴尬。租金昂贵、位置不便、布局和外观另类，
都让银座区瞬间"失宠"，但貌似是害怕在地震时被困在
西式建筑中，才让日本人望而却步。1879年，日本政府
建造一座新皇宫时，发生了一场小型地震，造成一些西
式建筑物出现裂缝，所以必须对新皇宫的全西式风格设
计进行完善。新皇宫内的部门办公室用砖石建造，而天
皇的寝宫换成了木质结构，并由皇室御用工匠设计，而
不用原来的外国建筑师。显然，关于日本传统建筑和西
式建筑的争论不止在于建筑工程，而米恩很快发现自己
深处这场争论的中心。他说道：

> "总的来说，木头建造的房屋韧性强，地震中也
> 只是猛烈左右摇晃，如果换作砖石房屋，早就已经
> 彻底倒塌。震后，木质房屋依靠连接处的强度，又
> 会恢复到原来的位置，不留下损伤的痕迹，这就无
> 法留下任何信息，帮助地震学家研究地震本质。"

确实，为了防止地震损坏，如佛塔等一些日本建筑长期
采用复杂的木质屋顶，而横滨的砖石建筑更像是性能良

好的地震检波器，这二者形成了理想的对比效果。1880
年地震时，横滨绝大多数砖石造的烟囱，连同一些西式
房屋，倒塌了，但除了一些仓库的灰泥零星掉落，没有
一栋日本传统房屋遭到严重破坏，东京也是如此。因此，
米恩在横滨分发调查问卷给外国住户，让他们报告房屋
受损情况，比如窗户是否破碎及破碎时间、烟囱倒塌的
方向。东京郊外遍布着墓碑，这些墓碑在地震中倒塌，
就剩一点废墟，而它们倒塌的方向很能说明问题。"横
滨居民遭受了生离死别，我也不知道他们能得到怎样的
抚慰，"米恩写道，"但可以肯定的是，如果他们的住所
不是用砖石建造的，那场地震留给我们的信息就会少之
又少。"

19 世纪 80 年代间，在气象学家、电报操作员、军
方和政府官员的帮助下，米恩研发一个监控日本全境地
震活动的系统。一开始在家中试验，后来米恩把东京帝
国大学主校舍当作一个地震检波器，测量基座上的裂缝，
贴上标签，标记裂缝产生的日期，把类似地震仪的装置
贴在大楼墙面上。1882 年，他开始向当地政府各部门办
公室发放大批明信片，包括邮局和公立学校，并要求安
排一位东京的官员每周记录自己感受到的地震次数，寄
明信片告诉他。通过这项措施，米恩确定最常发生地震
的区域，接着在这些区域安装一种特制的时钟，这种时
钟在遇到足够强烈的地震时，就会停止走动，因此能够
提供不同地方地震时刻的可对比报告。1883 年，地震学

会委员会向公职人员发布地震观测系统的精确使用指南，指导如何记录地震发生时间。其中一些时钟安装在日本气象台的田野气象站里。最后，米恩成功地借用许多政府官员现有的工作任务来进行地震监测。

1891年，米恩在日本遭遇了一场强震，这场地震发生在被誉为"日本花园"的浓尾平原，因此如今也被称为"浓尾大地震"或"美浓和尾张"大地震，其破坏力足以匹敌1857年那不勒斯大地震，有感范围波及日本绝大部分地区。

当时地震震级标度尚未发明出来，根据现代震波图判断，浓尾大地震的震级可能达到8.4级，比1923年关东大地震有过之而无不及。地震造成7 300人遇难，数万人受伤，超过10万人无家可归，是自1855年江户地震以来，日本遭受的最强地震。1892年，米恩向英国科学促进协会上报浓尾地震造成的破坏：

> "铁轨扭曲变形，地面开裂，数百千米的防洪堤坝遭到破坏，各种建筑倒塌在地，山体滑坡，山顶崩塌，山谷收缩，还有其他无法解释的奇怪现象，可以肯定地说，去年10月28日日本中部地区遭受的这场强震是地震学开创以来最严重的地震。"

在接下来一年里，米恩和东京帝国大学的一位工程师同事威廉·伯顿在日本出版了一本书——《1891年日

1891 年日本浓尾大地
震后被毁坏的铁路

本大地震》，书中的图片展示了严重扭曲的铁轨、断裂的
桥梁和遭到破坏的工厂，证实了报告的真实性。同时，
米恩也加入了日本政府在震后成立的地震调查委员会，
他是唯一受邀与东京帝国大学的本国工程师、建筑师、
地震学家、地质学家、数学家和物理学家一起工作的外
国人。地震调查委员会是日本首个为未来地震影响做准
备的组织。

但是，就在此时，地震学在国际学界逐渐发展起
来，因为欧洲国家发明了更加敏感的地震仪。这类地震
仪淘汰了机械记录方式，转而使用光学记录设备，在连
续移动的感光平面上进行记录。从那以后，科学家可以
在世界另一边的地震实验室中研究地震，而不必在日本
那样的地震高发地。米恩在 1894 年利用感光记录设备制

作了一个新的地震仪，上面带有他的名字。这个地震仪的灵敏性极强，这可能也是促使他 1895 年决定离开日本返回英国的一个原因，因为他意识到自己当时可以在英国研究日本的地震活动了。然而，促使他做此决定的一个重要原因是，他位于东京的住宅在一场大火中，不幸烧毁。

而日本地震学家们则开始游历世界，研究地震现象，特别是在 1904 年到 1905 年日俄战争胜利后。1905 年，大森房吉与一组科学家、建筑师前往印度记录阿萨姆邦一场大地震后的余震情况。

1906 年加利福尼亚大地震后，他深入旧金山的废墟进行调查，并撰写了一份报告。这份报告是欧洲科学家收到的关于这场地震的第一份详细记述。一家当地报纸刊登了大森房吉的巨幅照片，并在上方的标题中写道"世界顶尖地震学家说旧金山很安全"。1908 年，大森房吉调查了意大利墨西拿地震，那场恐怖的地震夺走了多条生命。他在调查中总结说，1891 年浓尾大地震罹难人数比墨西拿地震少很多；如果日本住房像意大利一样使用砖石建造，而不是木头，那么毫无疑问，罹难人数会高许多。

同时，地质学家和物理学家，如威廉·汤姆森·开尔文勋爵，开始明白地震学研究可以促进科学家对地球内部结构的深刻了解。地震波通过地壳、地幔、地核不同部分时，会被地震仪远距离检测到，通过计算其速度

1906 年 8 月《旧金山呼声报》报道的地震学家大森房吉

和轨迹，可以了解地球内部结构。在 20 世纪早期，地震学逐渐被看作地球物理学这一广泛学科的一部分，但地震学并没有任何通用理论来说明地震发生的地点、时间和原因。所以，事实会证明，大森房吉对东京地区未来地震的预测将会错得离谱。

4. 1923年东京：大灾难

1923年9月关东大地震发生前，东京遭受的比较严重的地震发生在1703年和1855年，前者造成约2 300人死亡，地震引发的海啸造成约10万人死亡；后者被称为安政地震，促使鲇鱼版画流行开来（见第一章）。虽然安政地震的估算震级较低，在6.9级到7.1级之间，但其震源和震中距离城市中心特别近，造成了大量的人员伤亡和财产损失，火灾造成的破坏尤其严重。江户城内和周边地区的罹难人数达到7 000到10 000人，被毁建筑至少达14 000座，并且余震持续9天，每天达80次之多。

但是，长期而言，安政地震给日本人造成的心理影响比人身和财产损害更加严重。地震来袭之时，日本正处于德川幕府统治后期，政治停滞，而且在这之前一位不速之客的来访，加剧了日本国内局势的动荡。1853年和1854年，美国海军准将马修·佩里率领其蒸汽船中队实施炮舰外交，日本国门被坚船利炮打开，被迫与西方进行贸易。

1855年安政大地震后巨鲇和准将佩里的争斗（木版画）

在一幅版画中，巨鲇化身成为一头既具有威胁性的黑色鲸鱼，喷出硬币，这些硬币不是呼吸孔里喷出的，而是从它身上的一个蒸汽烟囱里喷出的，因此这头鲸鱼看着就像佩里的一条"黑船"，而日本人站在岸上，向这头能够创造财富的鲸鱼招手，让它靠近点。在另一幅版画中有两个人物，一个是跪着的巨鲇，尾巴旁放着一把泥铲；另一个是佩里准将，脚边放着一把步枪。二人在拔河，由一个日本人做裁判。看似势均力敌，谁也不能取胜，但巨鲇貌似占据上风，佩里准将身体被拉得微微前倾，而裁判则为巨鲇叫好。图片旁附有长文，叙述着巨鲇和佩里之间的对话，这场对话表现了美国的蛮横嘴

脸；日本封建政府效率低下，导致日本民众必须向慈悲的神灵祈求庇佑（比如控制巨鲇的神灵鹿岛）。即便是引发地震的巨鲇，在日本人看来，也是有所裨益的。

安政地震可以说是震动了一个越发膨胀、失衡和病态的社会。地震发生后，日本社会不满情绪加深，后来开始现代化运动，最终推翻德川幕府统治，明治天皇复辟。如果说安政地震是主要原因，未免言过其实，但这场地震毫无疑问起到了重要作用，巨鲇版画散播的言论起到了催化作用。"江户地区匿名的版画制造者认为地震影响了日本全境，这种观点是正确的。"施密茨总结道。

对于新创立的地震科学而言，19、20世纪之交时，日本面临的首要问题一直都是：东京下一场大地震会在什么时候发生？格里高利·克兰西在其著作《地震国家：日本地震活动背后的文化政治》写道：1905年东京下次发生大地震的时间问题导致大森房吉和今村明恒产生巨大分歧，而这一冲突在当代日本地震学界堪称传奇。大森房吉是东京帝国大学地震学教授，而其同事今村明恒是副教授。尽管今村明恒的职位稍低，但也只比大森房吉小几岁，这二人很快势如水火。

大森房吉认为，东京地下地质断层经常引发地震活动，小型地震释放了逐渐累积的地震应力，所以东京面临的地震危险有所降低，并未增强。相反，他怀疑那些地震活动有很长时间间隔的地方可能会发生地震，比如

安政大地震后巨鲇被刻画成一条巨鲸或蒸汽船

自 1891 年大地震后相对安静已有几百年的浓尾平原。相比之下，今村明恒关注东京南部的相模湾，那里的地质断层位于水下，导致该地区少有地震记录，令人不安。在 1905 年写给一本著名期刊的文章中，今村明恒大胆预测东京 50 年内会遭受一场大地震，并建议东京为最严重的地震做好准备。

不仅如此，他还称，鉴于东京建有大量木质建筑，大地震会导致火灾，死亡人数可能超过 10 万。

这个判断虽然具有预见性，但并没有科学证据加以支撑。因此，大森房吉在同一期刊中发文，标题为"东京谣言和大地震"，公开批判今村明恒的观点。在文章中，大森房吉将今村明恒末日般的预言比作一个家喻户晓的"火马传说"：如果星相中的火星和马星连成直线，那么当年就会发生大火灾。"在不远的未来，东京会发生大地震这种说法，毫无学术依据，不足为信。"大森房吉断言。然而，尽管被一些同行排挤，今村明恒也拒绝让步。1915 年，这两位地震学家又一次在这个预测上公开对垒，而这一次今村明恒被迫暂时离开东京帝国大学的岗位。当他回到老家村庄时，就连他的父亲也批评他。

同时，大森房吉名声高涨。他设计了一个地震仪，名为博世-大森地震仪，在 20 世纪早期被广泛应用在世界各地。大森房吉不仅名望远播旧金山，也预测了环太平洋地区、意大利南部和中国可能发生的地震，这些地区似乎已经被证实常受地震侵扰。1906 年，阿留申群岛和瓦尔帕莱索港发生的地震；1908年墨西拿地震；1915年阿韦扎诺地震；1920年甘肃（今宁夏回族自治区固原市原州区和海原县）地震。但应该强调的是，大森房吉只预测了地震可能发生的地点，而没预测时间。然而，在他的祖国，大森房吉的地震间隔和地震应力释放理论，现在看来是大错特错。

在1921年末，东京遭遇了一场28年间最强烈的地震，一条输水管遭到破坏，导致东京市几乎断水。1922年年中，发生了一场更大的地震，导致建筑物毁坏、电话服务中断、铁路停运。随后，在1923年年初，发生第三场地震，但没有前两场强烈。

根据他的理论，大森房吉相信这三场地震，尤其是第三场，已经说明东京地下断层的地震应力得到释放，东京已经可以放松下来了。在1922年发表的一篇科学论文中，大森房吉推测1922年4月26日那场具有相当大破坏力的地震已经终结了其所在的地震活跃期，而在这之前是一段六年的地震休眠期。1923年那场较微弱的地震使他更加相信自己的观点，他写道：

"破坏性地震不会发生在同一地点，其震源也不会相同，至少在1 000或1 500年内不会重复发生，而1855年东京已经遭受了一场剧烈的地震，所以东京未来不会再受类似剧烈地震的侵扰。"

1924 年，大森房吉的第二篇论文印刷时，关东大地震破坏了东京大部分地区，而大森房吉也不在了。

1923 年 9 月 1 日地震那天，大森房吉远在悉尼，参加第二届泛太平洋科学会议。地震发生后，有人向他展示一个澳大利亚地震学家制造的地震仪。那个地震仪记录了大森房吉家乡城市遭到的破坏。起初，新闻报道说罹难人数达数万人，大森房吉在搭乘最近的轮船回东京之前，告诉澳大利亚记者说，这些数字很可能被夸大了，就好像 1855 年安政地震发生时，一开始的报道说罹难人数有 10 万人之多。但澳大利亚记者并不相信大森房吉的观点。墨尔本报纸《时代报》在一篇报道中评论道：尽管大森房吉等日本地震学家使出浑身解数预测地震，但"目前发生的可怕地震证明他们的工作是失败的，令人惋惜"。

地震发生时，今村明恒在东京帝国大学地震学院伏案工作，他后来如此形容自己在地震中的经历：

> 一开始，震动很慢、很弱，我没想到是一场大地震的前震。
>
> 我一如既往地开始估算前震的持续时长。很快，震动加强；3 到 4 秒后，我已经感觉冲击变得非常强烈；7 到 8 秒后，房屋开始剧烈颤动，但我觉得这些震动还不是主震。接着地震烈度快速加强；4 到 5 秒后，我感觉烈度达到顶峰。这段时间内，瓦片从屋

东京帝国大学 1923
年 9 月 1 日测得的震
波图，显示了关东大
地震中第一波地震波

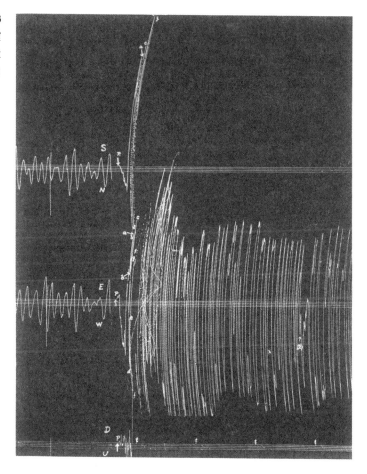

顶齐刷刷掉落，砸在地上，发出很大的响声。我不
知道这栋建筑还能不能站住。

主震过后，学院的地震仪记录下了今村明恒报告的
初始震动，然后在地震过程中被掀翻，同时学校校舍的
墙壁开始倒塌。今村明恒和同事们疯一样地从大火中抢
救地震记录材料，这些材料记录了长达半个世纪的地震

情况，可一直追溯到今村明恒的前辈格雷和米恩所处的时代。他们不管不顾地抢救资料，孤立无援，而且没有水可以灭火。

今村明恒逃过一难，没有受伤。他目睹了自己 1905 年的预测成为事实，地震时间（50 年内）、灾难规模（超 10 万人死于地震引发的火灾）和地震地点（震中位于相模湾海底）都预测正确。不管是运气使然，还是自己判断准确，预言成真都不能让他内心欢喜，反而让他悲痛沮丧。由于大森房吉远在澳大利亚，今村明恒便成为日本政府最重要的科学顾问和面对世界媒体的首席发言人。大森房吉从澳大利亚回到日本后，二人在码头边碰面。据报道，今村明恒欣然接受了大森房吉的道歉。而那时，大森房吉已经患上脑癌，并在震后两个月于一家东京医院内去世，年仅 55 岁。

"即便大森房吉没有去世，他的人生和职业生涯也不可能如以前一样辉煌了。"关于这二人的纷争，克兰西在令人信服的叙述中如此说道。大森房吉和今村明恒观点之间的激烈争论未得到解决，这种僵局预示着更大的灾难，而且直至今日仍然是日本、美国、意大利和所有其他地震国家头上悬着的达摩克利斯之剑。

当天上午 11:58，从相模湾海底辐射出的地震波首先袭击了横滨；44 秒后，地震波往东北部传播，重创距震中不远的东京。正如 1755 年里斯本大地震和 1855 年江户大地震一样，余震持续了几个昼夜。上午 11:58 至下午

6:00 间，今村明恒在东京帝国大学探测到超过 171 次余震；9 月 1 日深夜前，还探测到余震 51 次。

地震时正在横滨的一名记者十分走运。早上 11:58 时，他正在办公室里，接着突然听到一阵响声，好像"远距离的爆炸声"。下一秒，他和自己的椅子就被扔到半空中，然后脸朝下，摔在地上。他所在的建筑开始猛烈摇摆，并发出沉重的响声，让人后背发凉。接着，不知怎的，他被颠簸到楼梯口，然后迅速跌下楼梯。"我立马站起来，跳到建筑外，结果掉进一个三米深的人行道裂缝里。"他说。当他试着站起来后，环顾四周，目之所及之处房屋都已经坍塌了，远处天空呈棕黑色，盘旋着大片烟尘。"陡坡边外国人住的房屋已经着火了，冒出黑烟。街上的人走起路来都摇摇晃晃的。"位于东京一家媒体的一名记者同样幸运。震动开始时，他正要吃三明治午餐。"办公室大部分倒塌了，"他说，"但还有部分幸存下来了。"他抱着打字机，跑到街上去，看见地震摧毁了大部分房屋，只有一小部分建筑还矗立着。电车也停在轨道上，无法动弹。

经历几个世纪火灾的蹂躏，东京居民立刻逃往城市中的开阔地带，有些人被火舌逼得退往皇宫。前有已经致人死亡的大火，后有保卫皇宫的武装警察，逃难的居民不得不和警察发生暴力冲突，冲破封锁，闯进皇宫的外花园避难，并在那里露宿几日。还有一些居民往东，逃往隅田川，希望跑到对岸，躲避火灾。但是，隅田川上的永代桥已经几乎被地震毁坏，只留下一根铁梁，高高地架在水面上，横跨隅田川。难民们没有办法，只得排成一列踩着铁梁过河。

根据一些媒体的报道和亲历者叙述，震后几周内，灾区犹如人间地狱：

强风推着一道火墙往东奔袭。难民成群结队逃往永代桥，火墙就要追上队伍尾部时，人群开始恐慌，拼命往前跑，导致队伍前部的人自相践踏、无法呼吸，慌乱中掉落水中的就有很多。

难民像蚂蚁一样沿着铁梁蠕动前进，往下张望，满眼都是恐怖的景象。数百人坠入水中，有的抓着水中的碎木，有的在水中挣扎，但很多已经溺死。救援的船只拼命把幸存者运过河，但面对等在岸边的数千难民，他们再怎么拼命也不可能完成这个任务。

一个幸存的妇女后来说，她是被人群推入水中的，但奋力抓住了拴在对岸的绳子才不至于淹死。

等到下午，火灾更加凶猛，每一次炽热风浪吹到她脸上时，她都难以忍受，必须钻入水下。后来，河水温度渐渐升高，最后热得惊人。

在隅田川的日本桥段，火舌飞跃22米宽的河面，直达对岸。9月3日，一些人没有在肮脏的河水中淹死，爬

匿名画家的作品：
1923 年 9 月东京的
火风暴

上河岸后接近两天没有进食，最终被烈火烤焦。但他们是幸运的，因为在东京市内的运河河道里，许多人被热水活生生烫死。

但是，目前最严重的单个灾难事件发生在人口密集、工薪阶层聚集的本庄市。官方记载显示，1920 年本庄市在册人口 256 269 人；1925 年关东大地震后，降至 207 074 人；1940 年回升至 273 407 人。1923 年 9 月 1 日，光是在一场火灾中遇难的本庄市居民就达到 40 000 人。直至今日，在东京仍建有庙宇纪念这一灾难性事件。

本庄市少有几块开阔的空地，而其中一块就聚集着当地居民，他们带着高度易燃的家具和行李逃难至此。

关东大地震引发火灾
后东京居民在铁轨上
避难

这块空地有 60 000 平方米，用作储备军队制服的仓库，
但地震时被当地政府改造成一个公园，供人使用。但是，
这块空地太小，不能保护所有逃离凶猛火舌的人。

　　渐渐，火焰从多个方向涌来，牢牢包围住疯狂尖叫的难民。在《东京：有故事的城市》一书中保罗·威利刻画了那个落日之后的恐怖景象：

> 阵阵狂风不断推着火墙前进，引发一阵阵小型火焰旋风，把人吸入空中，把他们烧成火球，又重重摔在地上。整个公园俨然变成了一片修罗火场，空气炽热到能够让钢铁变形，金属融化。火灾伤亡十分惨重，以致灾后都不能确定死亡人数。

仅有几个人逃出那片空地，其中一个就是日本东海银行董事总经理的长子。他的父亲吉田弦二郎携一家老小逃往那个避难所，结果除了其长子，所有人都死在风暴性大火中。而儿子的逃离简直就是个奇迹：他被一个火焰旋风卷入半空中，掳到远处，掉进一处沟渠里，鬼使神差地没有被大火烧死。

13岁时，黑泽明在哥哥的带领下穿过火灾区，被眼前的景象惊呆了；70岁时，黑泽明仍然记得那些画面，并在其自传中形容说，东京市中心遍布着死尸。著名的现代主义作家芥川龙之介也在1923年9月观察到灾后的惨状，并且两三年后在其自传体短篇小说《傻子的一生》中描写了那种惨状。芥川在小说中用第三人称，描写自己去到东京吉原的一处水塘边，看见数百具溺死在泥水中的尸体，有男有女：

那个气味有点像熟烂了的杏子。闻到了一点后，他穿过烧成焦炭的尸体，突然说："太阳下尸体的味道也没我想的难闻。"但当他站在一个堆满尸体的水塘边时，他想到了一个词——刺鼻，他体会到这个词语不仅仅是痛苦和恐惧给人感官上的夸张感受。尤其触动他的是一个十二三岁孩子的尸体，他不免想起"天妒英才"一词。芥川姐姐和表兄弟的家也都被大火烧毁，而他的姐夫则因作伪证被判缓刑。

"我们怎么不死绝了呢？"站在烧成焦炭的尸堆周围，他忍不住这么想着。

1927 年，芥川服用过量安眠药自杀去世，震惊世界文坛，而这篇短篇小说在其死后出版。当年陪他一起走过东京废墟的作家川端康成坚信，在目睹了水塘中那些骇人的死尸后，芥川必定会让自己死得足够体面。

川端康成才思敏捷，最终成为日本第一位诺贝尔文学奖获得者。20 世纪 20 年代，他在"手掌故事"中写了一部短篇小说，用来描述大地震中自己的经历，英文翻译为"*The Money Road*（《金钱路》）"。开头交代，故事发生在 1924 年 9 月 1 日，主要背景是本庄市以前用作军服仓库的那块空地。

"关东大地震纪念日那天，天皇使者出现在军服仓库的废墟上。"川端康成写道。

首相、内政部长、市长在仪式上致纪念辞。国外使节送来纪念花圈。

上午11:58，所有车辆都停下来，市民纷纷默哀。

从横滨聚集而来的蒸汽船在隅田川上靠近仓库废墟的河岸边来回穿梭。

汽车公司争相在仓库废墟前露脸；红十字医院慰问团来参加纪念仪式。

一位电影工作室技师带着一个高高的三脚架，四处走动着拍摄。货币兑换商排成一排，等着帮观众把银币换成较便宜的铜币，观众好向捐献箱里投。一个精明的流浪汉、乞丐健，拉着一个无名的女性朋友混入哀悼者中。这个贫穷的女乞丐年纪更人，家人都在大火中死亡。她想捐一个红色的梳子，来纪念她死去的女儿。健把自己那双早已破烂不堪的军靴脱下一只，递给她，什么话都没说，两人各穿着一只靴子，露着一只脚，慢慢往前挪。刚一看见遍地的花圈和葬礼植物，他们的脚立马感觉凉凉的，原来是地上的硬币。排队哀悼的人群无法靠近捐献箱，只得从站着的地方向捐献箱扔硬币，于是硬币像冰雹一样砸在每个人的头上。健和那个女人马上开始捡脚下的硬币，放进靴子里。离骨灰堂越近，硬币铺成的路就越厚。最后，哀悼者甚至走在离地1英寸（2.54厘米）厚的硬币路上。到最后，他俩激动地捧着装满硬

币的靴子，一瘸一拐地走开了。两人坐在寸草不生的河
岸边时，那个女人才记起来自己忘了捐红梳子。于是，
她把靴子里的硬币倒出来，把红梳子放进去，一起扔到
河里。红梳子从靴子里浮出水面，安静地随着这条大河
漂流。

在如今的东京本庄市，原地址上建了一座公园，一
座寺庙立在中央，以纪念那场大火中的遇难者，寺庙周
围树木环绕，密集的车流从旁边驶过，四周的公园里矗
立着怪异、扭曲的雕塑，使用的原料不是日本传统的园
林巨石，也不是木雕艺术作品，而是1923年在火风暴中
被高温熔化的金属机器，比如压平机和发动机。

关于关东大地震的历史影响，各家观点不一，同样
1855年安政大地震的历史影响也没有定论。经济上说，
这场地震造成的经济损失相当于日本国民生产总值的百
分之四十。1926年，日本政府在关东大地震的报告中写
道：帝国的首都东京几乎被完全摧毁，最重要港口横滨
遭到彻底破坏，给这个国家造成了难以愈合的创伤。

然而在仅四年后的1930年，东京的重建工作就正式
完成。但这次重建仿佛是为1945年另一场灭顶之灾而准
备的，这一次不是地震，而是美军空投的燃烧弹。

众所周知，1930年至1945年间经济大萧条，导致日
本政府在中国满洲里和其他地区采取军事冒险主义行为，
最终发动第二次世界大战。不难设想关东大地震造成的
严重破坏和1941年日本发动全面战争之间存在因果关

**1924 年 9 月 1 日关东
大地震首个纪念日**

系，但要证实这种联系却是十分困难的。20 世纪 90 年代
早期出版的两本颇具影响力的著作，对于关东大地震长
期影响，提出了不同的评价。

　　十分了解东京的记者皮特·哈德菲尔德撰写了一本
关于东京未来地震的书——《改变世界的六十秒》，在书
中他直白地说：东京的重建工作引发了一场经济危机，
屋漏偏逢连夜雨，经济大萧条又加重了日本的经济压力，
最后导致军政府的完全掌权。"历史上没有哪一场地震对

在东京一仓库旧址
上为遇难者修建的
纳骨堂

全球事务产生如此决定性、强有力的影响。"哈德菲尔德在书中如此写道。相比之下，学者爱德华·赛登施蒂克在书中认为，关东大地震的影响更加难以说清。1927 年，大地震产生的债务压力一定程度上导致了一场经济恐慌，

关东大地震后浅草寺
公园娱乐区的废墟

1923 年 9 月东京，山本内阁成员因余震危险在户外开会

进而导致当时内阁下台，一位将军上任首相职位，而正是这位将军提倡在中国实施侵略干涉主义行为。但是赛登施蒂克对大地震与之后日本社会军国主义化之间存在联系这一说法持质疑态度。

"如果经济大萧条没有发生，那么 20 世纪 30 年代的人会作何反应，我们永远不会知道。"

赛登施蒂克是一位知名的日本文学学者、翻译家，相比于政治影响，他发现关东大地震可能影响了日本的文化。地震前，日本顾客进入东京的百货商店时，会自动脱掉鞋子，换上商店特意提供的拖鞋；而地震后，他们却会穿着自己平常的鞋子进入商店。于是，日本的百货商店与纽约和伦敦的百货商店别无二致了。同时，地震后，更多日本女人离开厨房，走上工作岗位，并且开始在百货商店的餐厅里吃饭。在这之前，日本社会认为女人在公共场合吃饭是不合规矩的。最后，日本社会对连环画和漫画的独特热情就起始于震后几年内。"不论这种对连环画和漫画的热情是否与震后民众内心的迷茫有关，事实已然如此。"另一种日本特有的绘画形式鲇绘，毫无疑问起源于安政大地震。鉴于此，1923 年大地震后，产生一种类似的文化现象也是可信的，这种现象即便不足以震动整个日本社会，但也颇为吊诡，令人好奇。

1933 年长滩地震中，洛杉矶附近的约翰·缪尔学院遭到毁坏

5. 地震测量

　　就普通人而言，地震及常伴随大地震出现的海啸和火灾等灾害的破坏程度是可以测量的，通过遇难人数、破坏水平、房屋倒塌数量和在陆地、建筑与房屋上造成的其他形式的破坏，比如裂缝、裂纹和坍塌。1923年关东大地震中，东京和横滨都遭受了这些形式的破坏，还有1857年那不勒斯附近、1755年里斯本以及其他很多地方。但是，从科学角度出发，测量地震的方法主要有三个：地震烈度、震级和震中。这三种测量方法已经在书中屡次提过，但都没有细致解释。现在开始剖析这些测量方法的细节，并探讨20世纪地震测量方法的演进。

　　但首先需要讲述一个揭示地震烈度和震级的故事。1933年，一场地震袭击洛杉矶长滩让世界上最负盛名的地震学家美国人查尔斯·里克特进入地震学界，此人可以说是世界上唯一家喻户晓的地震学家。那场地震震中位于长滩东南部海底的一个断层上，1920年被命名为新港-英格伍德断层。长滩地震震级达到6.4级，也就是后来的里氏震级标度。地震造成120人遇难，财产损失预计达 5 000 万美元（经济大萧条时期），其中几所劣质校舍发生倒塌。幸而，地震发生在 3 月 10 日下午 6 点前，才让数百名孩子幸免于难。震后一个月内，加州政府颁布了严格的公共学校校舍设计与建造规定，随后这种规定在加州广泛实行，规范抗震建筑的设计工作。

阿尔伯特·爱因斯坦就是长滩地震的一位亲历者，他当时位于离长滩 50 千米的帕萨迪纳，在加州理工学院做客座教授。1933 年时，加州理工学院是地震学研究的一个主要中心。下午 6 点前，爱因斯坦刚结束一场物理学讨论会，和该校顶尖地震学家本诺·古登堡一同走在校园里，讨论着地震。这时，另一位教授走过来，问他俩说："刚才的地震，你们觉得怎么样？""什么地震？"两人问道。这二位科学家讨论得过于投入，没有注意到刚才周围的树枝和电线在左右摇摆。这也难怪，因为相比于靠近震中的长滩，他俩脚下的土地相对稳定，没有明显震动。古登堡很快走进地震实验室，把刚才发生的趣事和年轻的同事里克特有声有色地说了一遍。当天晚上回到家后，里克特的夫人告诉他，地震发生时，家里的猫感觉到异常，在地板上发出呼噜呼噜的声音。正是在这个时期，里克特设计并开始使用自己的震级标度。

树枝、电线的摇摆，猫及其他动物的反常行为可能是地震烈度的大概指标，除此以外还有其他烈度标度（比如改进后的麦加利标度）中的特定指标。但这些指标明显是主观指标，依赖于观测者的意识和所受的训练，无法反映真实的地震震级，而真实的地震震级是通过客观测量指标确定的，比如震波图中的最人振幅、断层断裂长度。与地震烈度不同，地震震级是一个科学概念，不受观测者离震中距离的影响。可以说，震级相当于指爆炸当量，而烈度相当于爆炸效果。

里克特习惯用另一个对比：震级像是广播电台的输出功率（千瓦为衡量单位），烈度像是电台的信号强度，

地震学家查尔斯·里克特

依赖于接收者位置的远近与电波在电台和接收者间的传播路径。根本上来说，一场地震只有一个震级，却可以有很多个烈度。

尽管如此，对大众而言，震级这一概念还是比烈度要更难理解。除此以外，还有许多其他的方法测量震级。"震级是一个很好的例子，说明大部分地震学家无法和公众充分交流。"普利策奖获得者菲利普·弗拉德金曾在《洛杉矶时报》工作，撰写了一本关于圣安地烈斯断层沿线地震和生命的书，在书中他如此抱怨，因此绝口不提任何震级标度，可能是出版社选的名，他这本书的书名是"震级8"。在任何地方，不论是加利福尼亚还是其他任何地方，任何一篇没说明震级的地震新闻报道都不是完整的报道。

为了了解地震震级，首先必须更多地了解地震波。里斯本大地震后，米歇尔首先提出，存在两种地震波：一是体波，从地下震源传播到地表，位于地下震源的正上方，也就是震中；二是面波，部分体波传播到地表时导致的波。体波包括P波和S波。面波有两种主要类型——勒夫波和瑞利波，数学家勒夫和物理学家约翰·威廉·斯特拉特（第三代瑞利男爵）分别在1911年和1885年发现这两种波形，于是以他二人的名字命名。

P波传播速度最快，达到每秒6.5千米。从阿拉斯加传播到夏威夷，P波只需要约7分钟，而海啸则需要5小时。因此，地震中第一波震动是由P波导致的。P波传播速度如此之快是因为它像声波一样，具有压缩作用，在传播路径上朝同一方向挤压、扩张岩石和液体。接触到地表时，P波导致地面和地震仪沿垂直方向，上下震动，初始震动朝上还是朝下，取决于震源处断层运动的方向。P波还会压缩地表附近的空气，强烈地震有时会引发高铁一样的呼啸声。

相比之下，S波类似于电波，具有扭曲作用，引发横向移动，切断建筑物，这使得S波速度较慢且不能在液体中传播，因此海上船只只能探测到P波，探测不到S波。S波导致地面呈垂直和水平运动，而建筑物在水平压力面前相当脆弱，所以S波的破坏性远大于P波。

回想地震学家今村对关东大地震开始时的描述可知，P波先到达，之后不久的S波破坏了他大学里的实验室。在许多地震灾害中，矿下作业的矿工感受到的震动比地表上的人少，因为他们身处地下，只感受到P波，感受不到S波。

地震仪可以利用P波和S波的不同到达时间，计算震中的位置。原则上，这种测量方法需要三个或者更多位置的震波图来对震中进行"三角定位"，最好是统一合理分布在震中周围的地震仪制作的震波图。但是，这个过程并不简单。实际上，往往需要数十个地震监测站的报告和大量算力，才能确定震中位置。20世纪早期，约翰·米恩教授在怀特岛家中创立世界地震检测中心，日后演变成为英国的国际地震中心，该中心利用世界范围内超过60个地震监测站的数据，定位地震震中位置，比

地震产生的体波和
面波

体波

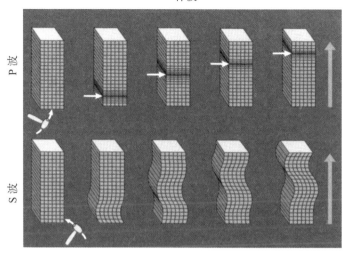

P 波

S 波

面波

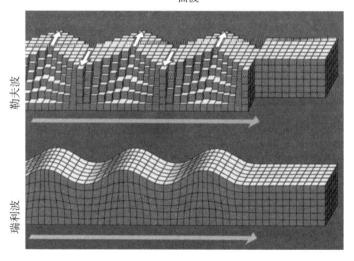

勒夫波

瑞利波

如大西洋海岭发生的中型地震。

　　简单来说，这种方法依托于一个事实：地震仪距离
震中越远，P 波和 S 波的到达时间相差就越大。精确时
间差取决于地震波经过的岩石类型。但地震学家可以利

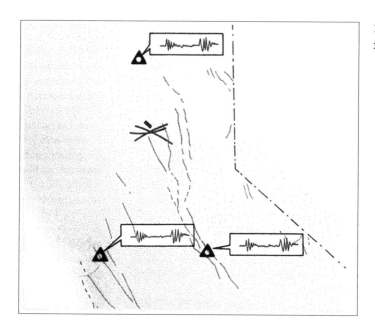

用过去几千场地震的数据得出平均时间差，用以计算地
震震中。他们编纂了表格和图表，显示距震中特定距离
的地震仪制作的 P 波和 S 波平均到达时间。通过将一场
地震的 P 波和 S 波到达时间与表格或图表中的平均时间
相比较，地震学家可以读取地震仪和震中（确切点说是
震源）之间的距离。

　　为了通过三角定位确定震中的真实位置，地震学家
采用了三个地震仪的估算距离，也就是以地震仪位置为
圆心，以三个估算距离为半径，画三个圆（现在使用计
算机计算），三个圆的交点就是震中位置。在实际中，震
中位置在这三个圆的弧线围成的区域内。

　　加利福尼亚大学伯克利分校地震监测站前站长布鲁

斯·博尔特在他的著作《地震和地质发现》中列举了一个真实的例子。1975 年 8 月 1 日，加州东北部地区发生了一场 5.7 级的地震。伯克利地震监测站监测到其 P 波在 15 点 46 分 4.5 秒到达，而 S 波在 15 点 46 分 25.5 秒到达，时间差是（S 波到达时间减 P 波到达时间）是 21 秒，因此到震中的估算距离是 190 千米。加州其他两个地震监测站——詹姆斯镇地震监测站和米纳勒尔地震监测站——测得的时间差分别是 20.4 秒和 12.9 秒，到震中的估算距离分别是 188 千米和 105 千米。

以伯克利为圆心的圆（半径 190 千米）、以詹姆斯镇为圆心的圆（半径 188 千米）和以米纳勒尔为圆心的圆（半径 105 千米）相交于奥罗维尔镇附近，表明估算的震中位于北纬 39.5 度，西经 121.5 度，误差大约 10 千米。震源深度无法得知，需要更多数据才能计算出来。

博尔特给出的另一个计算震中的例子是 1967 年 3 月 11 日墨西哥韦拉克鲁斯附近发生的 5.5 级地震。那场地震中选用的监测站是智利安托法加斯塔监测站、夏威夷火奴鲁鲁监测站和科罗拉多戈尔登监测站。此地震波图显示了位于戈尔登的美国地质调查局记录的 3 条地震波痕迹。顶部的痕迹展示了地震仪的垂直运动，中间和下部的痕迹展示了地震仪的水平运动（互相垂直）。P 波先到达，4 秒后第一股 S 波到达，接着勒夫波和瑞利波到达。除以上 3 个地震监测站外，还有其他监测站监测到了那场地震，结合各监测站的多幅震波图信息，科学家算出地震震中在韦拉克鲁斯东部海域，位于北纬 19.1 度，西经 95.8 度，震源在地下 33 千米处。地震共造成 3 人受伤及中等规模的财产损失。

提供 P 波和 S 波数据的监测站越多，估算效果就越好。博尔特说：

> 使用联系紧密的地震监测站得出的数据，可以更加精准地确定震中位置、测量地震波。电线连接，远距离的地震仪之间使用准确的时钟或电波接收器，最好搭配 GPS 定位，在每一个地震记录的间隔中统一标记时间。正是这种普通的时间基准，让地区内的一组记录仪变成地震数据阵列。地震分析的一大优势是，在同一个阵列内，从临近监测站得到的地震波变化数据可以高精度地联系在一起。同时，可以直接使用理论公式将地震波变化率直接和其传播路径联系起来。

第一个国际地震监测站网络可以追溯到 20 世纪 60 年代中期。起初建造的目的是监控地下核试验，因为 1963 年《部分禁止核试验条约》颁布，禁止在底下实施核试验。1967 年，美国政府国防部门设计的世界标准地震网络基本完成建设，但结果地震监测网络更加擅长测量大型核爆的位置及其导致的震级，并不擅长分辨小型核试验和自然地震活动，即便军方在地震时间点进行核爆试验，地震学家也很加以甄别。

地震震级比震中和烈度更加复杂，所以对于地震的测量工作，20世纪的地震学家力图确定地震规模时要面临的问题是如何设计一个标度，给一场地震确定单一衡量数字，而不是像地震烈度标度一样，给一场地震确定许多衡量数字，而这些数字随着观测者距震中距离变化而变化。地震活动如果拥有单一衡量数字，不同地震的规模就可以相互比较。

1932年，里克特利用加州理工学院的伍德·安德森地震仪来测量南加州中等规模地震震级时，设计了一个经验公式。这个公式起初是由两位美国地震学家在1925年创立的，里克特改进后，利用这个公式，把地震仪距震中距离（从S波和P波到达时间差中算出，以千米为单位）和地震波图显示的地面运动最大振幅（S波最大高度，以微米为单位）联系起来。地震仪距离震中越远，地面运动的最大振幅就越小。而在加州中等规模的地震中，地震仪距震中距离和地面运动最大振幅成反比。

地震规模的变化范围巨大，里克特选择压缩最大振幅，使用以10为底的正数表示。因此10微米振幅得出的对数值是1，100微米得出的是2，1 000微米（1毫米）得3，10 000微米（1厘米）得4，以此类推。里克特也将距震中100千米设为标准距离，然后根据他的解释，如果伍德–安德森地震仪距地震震中100千米，记录的最大地震波振幅10毫米，那么地震震级计为4级；如果距离200千米，同样振幅下，震级就升至4.5级；如果

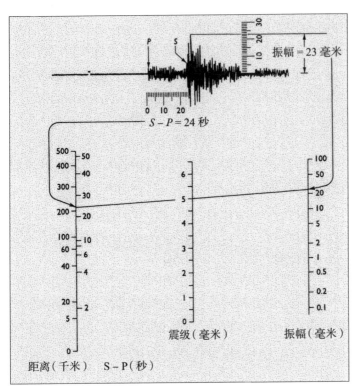

距离 20 千米，同样振幅下，震级就降为 2.7 级。另一方面，如果地震仪距震中 100 千米，但记录的最大振幅是 100 毫米，是前面最大振幅的十倍之多，那么地震震级就计为 5 级。换句话说，里克特标度并不是线性变化的。地震震级上升 1 级，振幅是原来的 10 倍。8 级地震引起的地面震动是 7 级地震的 10 倍，是 6 级地震的 100 倍。然而，一场 6 级地震的震中如果位于人口稠密地区，造成的破坏可能比远离人口稠密地区的 8 级地震要大。

里氏震级的实际意义不容易明白。事实上，作家约翰·麦克菲在他的《加利福尼亚合集》一书中评论说，他不知道这个标度如何使用。"里克特是加州理工学院的教授,理解其标度的也只有那里的教授,人数少到可以忽略不计。"里克特自己也曾承认,自己的震级标度太过粗糙、简单,最大的优点就是能够使用而已。

里克特标度在一开始使用时,就陷入舆论争议。1935 年,里克特标度首次出现在一个美国知名地震期刊中,随后曝光率逐渐增多,其著作权便引发质疑。起初,里克特和他的同事古登堡(爱因斯坦的朋友)密切合作。研究过程中,古登堡建议使用对数标注。里克特的第二位同事哈利·伍德是伍德-安德森地震仪的两位发明人之一,他建议使用"震级(magnitude)"一词作为和"烈度(intensity)"相区分的正确术语。"magnitude"一词是伍德从天文学家用以形容星星亮度的"星等(stellar magnitude)"标度借来的。不仅如此,1931 年日本地震学家和达清夫在其早期发表的一篇论文中已经指出如何计算地震仪到震中的距离,尽管并未更进一步研究,设计震级标度,但他的研究也具有重要意义。

里克特以书面形式感谢了美国和日本学者的贡献。"但即便如此,考虑到自己在测量地震、计算震级方面,投入了巨大的精力,他仍然感觉对自己的震级标度具有唯一著作权。"地球物理学家苏珊·休在里克特的传记中如是写道。休支持里克特对地震震级标度的唯一著作权声明,但她在书中充分、客观地讨论了其他许多地震学家的观点,即该地震震级标度的正确名称应该是"古登堡-里克特标度"。然而，地震震级标度著作权问题仍然非常敏感。大英百科全书把"里氏震级标度"的作者定为古登堡和里克特。

更加重要的是，原始的里氏震级标度从来都不具有普适性，无法适用于所有规模和位置的地震。起初，这个震级标度是量身设计的，适用于加州南部常见的地震情况。如今，伍德-安德森地震仪已经落伍了，取而代之的是可以响应大型地震发出的超低地震波频的仪器。其次，里氏震级标度只适用于震级不大于5.5的地震，超过5.5级，计算出的里氏震级就会出现"饱和"，即震级不会随着地震规模的扩大而成比例增长。最后，仅基于S波最大振幅的里氏震级无法区分产生相同振幅而时长不同的两场地震。尽管如此，其他使用中的震级标度即使再精密，也还存在很多限制。而且"现在使用中的每一个震级标度都和查尔斯·里克特标度存在直接关系"，休在书中说道。在她看来，如果当初采用"修订的里氏地震标度"作为概括性术语，就像1902年原始的麦加利地震烈度标度在1931年得到修订一样，情况会好很多。相反，在通行半个世纪后，如今"里氏震级"一词通常被简称为"级"，在科学期刊和地震新闻报道中都是如此。

目前通行的震级标度是矩震级标度，和里氏标度一样，矩震级标度的级数也是对数，而不是线性数字。地震矩尽管很难不用数学定义，但其实是一场地震所释放的全部能量的物理总量，这些能量可以转化成矩震级。一场矩震级为 6 级的地震，所释放的能量比 5 级的高几十倍，比 4 级的高上千倍。有记录以来，释放能量最大的地震于 1960 年发生在智利，矩震级达到 9.5 级。据估计，所释放的能量占 20 世纪初以来全部地震能量的四分之一，包括 2004 年印度洋大地震，比 1945 年广岛原子弹爆炸释放的能量高 20 000 倍。那场地震造成智利海岸线长达 1 000 千米的断层断裂，能量之大仿佛撼动了整个星球，让加州理工学院的金森博雄等地震学家思考如何设计一个新的矩震级标度。

和里氏震级相比，地震矩和矩震级的主要优点是，检查断层几何结构的野外地质学家和分析震波图的地震学家都可以估算。矩震级的大小却取决于断层刚性、断层断距、断层错动面积的乘积。原则上，这三者都可以测量得出。当然，里克特公式并不考虑这三个因素，只考虑地震仪距震中的距离、震波图的最大振幅，而且并不考虑断层结构。地震学家塞斯·斯坦解释说：

通过研究地震活动，在实验室对石头进行实验，我们很好地了解了断层刚性或者说断层强度。断层错动面积可以从震波图中估算出，还可以通过观察余震位置得出，因为余震发生在断面之上或附近，所以能够标记出断层移动的面积。地震的矩震级除以断层刚性和断层错动面积，就可得出断层错动距离。如果地震导致地表破裂，那么可以通过测量地面裂痕长度和地面位移距离核查这些数值。

尽管矩震级和过去的震级标度大致相当，但矩震级降低了历史上一些地震的震级。例如，1906 年旧金山地震曾被估计为 8.3 级，现在则被改为 7.8 级。斯坦警告称，太过相信任何单一震级标度都是不明智的。2004 年印度洋地震后，斯坦和他的同事艾米尔·奥卡尔将其震级从 9.0 升至 9.3，致使二者成为国际媒体的焦点。但斯坦说，"震级本身并不重要，重要的是断层错动（位移）的距离比原来设想的大三倍。"苏门答腊附近一片 1 200 千米长、200 千米宽的区域错动了接近 10 米。"因为断层的那个部分发生错动，未来几百年内都不出现和印度洋海啸破坏力（致 20 万人遇难）相当的海啸了。"这些数字更能让公众感受到大地震翻天覆地的真实破坏力，而那些最高为 10 的震级对数虽然对科学家来说非常具有价值，但公众却难以理解。

地震释放的能量与其他自然和人造爆炸释放能量的对比

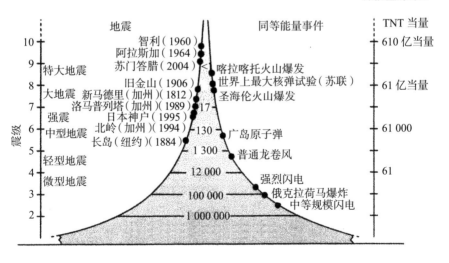

因此，一些地震学家尝试创造更能让非专业人士理解的线性震级标度，其中一个由美国地震学家约翰斯顿于 1990 年出版，在 1989 年加利福尼亚洛马普列塔地震发生之后。约翰斯顿居住在地震少发的美国中部地区，他非常热衷于宣传自己从事的行业，并且坦白地说：

面对现实吧！地震学家的工作做得很不到位，没有让公众明白地震学的事实，地震震级就是一个经典的例证。我们之中有多少曾费尽心思向公众解释里氏震级标度，让他们明白。我们解释说，里氏震级标度是一个对数函数，每个真数表示地震，但事实上表示地震规模扩大 32 倍，而且不论如何我们都不再使用里氏震级标度了。于是，那些可怜的听众一脸震惊，地震学家只要说震级为负或震级饱和，就可以把他们安静地打发走。我们甚至奇怪，为什么我们分析结束后，观众和记者都一脸震惊的表情。

不同于标准的地震震级标度，约翰斯顿所谓的地震强度标度将震级为 5 级、刚刚够造成破坏的地震定为强度 1；震级为 7 级的亚洛马普列塔地震定为强度 100；1964 年阿拉斯加 9.2 级大地震定为强度 10 000；1960 年震级 9.5 级的智利大地震（震级最大的地震）定为强度 31 600。约翰斯顿标度也将地震释放的能量和其他类型的自然灾害相比较。他认为一场龙卷风的矩震级是 4.7 级；1980 年圣海伦火山爆发是 7.8 级；一个持续时间长达 10 天的飓风，震级高达 9.6 级。

6. 断层、板块、大陆漂移

在过去一个世纪，地震测量研究取得稳步进展，但对学术界对地震发生机制的理解并没有多少长进。20世纪60年代问世的板块漂移学说可能成功地解释了地震灾害的宏观发生率，但也无法完全解释。然而地震中地下岩石的活动情况，也就是地震灾害的宏观状况，很大程度上仍然依赖一个世纪前的模型来深入了解，这个模型在1906年旧金山大地震后被提出，具有一定地质学意义，但也有错误之处。

20世纪头十年中，地质断层的板块运动开始被视为地震的主要源头。直到那时，人们认为火山活动也很有可能是发生地震的原因之一，产生这种观点的部分原因是，早期地震学的许多研究集中在意大利南部，当地长久以来遭受破坏性地震的侵扰，比如1783年卡拉布里亚和1875年那不勒斯附近发生的地震灾害；同时，该地附近有多座活火山，比如维苏威火山和埃特纳火山。但随后对火山的仔细研究表明，火山活动与地震灾害往往没有联系，而且远离火山的地区也常发生地震。

从 19 世纪 70 年代开始，地震学家约翰·米恩就十分热衷于攀登日本的火山。1877 年，他们一行人租借了一艘特别的蒸汽船，前往横滨南部相模湾内的大岛观测正在喷发的火山。在岛上，米恩说："尽管地震在日本非常常见，在这里却不常发生。我们感觉到的那些震动只不过是火山喷发引发的。"很久之后，他总结说：

> "在日本，我们遭遇的大部分地震并非由火山导致，和火山也没有直接的联系。日本中部地区有不少街区位于多山地带，其中不乏活火山，但是当地地震发生概率特别低。"

1906 年旧金山大地震后加州奥勒马的地面裂缝

　　直到 1905 年，米恩的同事查尔斯·戴维森（专门研究英国地震）写道："板块地震和断层的形成密切相关，这一点现在看来已经毋庸置疑了。最近火山活动留下的痕迹和地震活动关联很小。"

　　1906 年，旧金山地震导致地面裂缝长达 435 千米。美国地球物理学家哈利·菲尔丁·里德提出"弹性跳动"机制。起初，这一学说认为断层是两个岩层的连接处，断层线并不是完全垂直的，所以一个岩层通常会高于另一个岩层。如果上面的岩层往下滑动，那么这个断层就被称为"正断层"；如果下面的岩层往上移动，那么该断层就被称为"逆断层"。沿着垂直轴进行的运动被称为

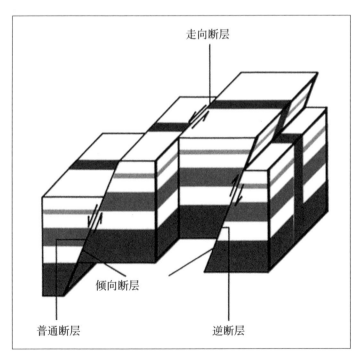

地质断层类型

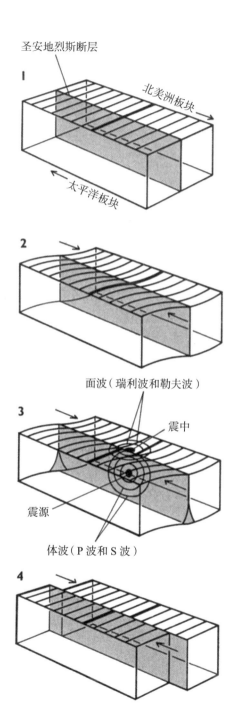

圣安地烈斯断层

1

北美洲板块

太平洋板块

2

面波（瑞利波和勒夫波）

3

震中

震源

体波（P 波和 S 波）

4

地质断层断裂的弹性
回跳模型和加州圣安
地烈斯断层

"倾向滑动",沿水平轴进行的滑动被称为"走向滑动"。当然,一个断层经常包含这两种滑动。断层两侧岩层间的摩擦力控制岩层运动,或使其静止。摩擦力越小,断层越脆弱,越容易滑动;摩擦力如果足够小,断层可能一直滑动,不引发地震,这种现象被称为"断层蠕动"。如果摩擦力适中,那么断层可能经常滑动,导致许多小型地震。但如果摩擦力很大,断层可能偶尔滑动,进而引发少见的大型地震。

尽管如此,地质破裂也不像1906年旧金山大地震一样,在地表完全显现。

里德注意到横跨断层区域的道路、围栏和溪流,在地震发生前是如何被扭曲的,以及震后是如何被挪动或水平移动的,最大移动距离是6.4米。他认为,地震发生前,断层两侧岩层的摩擦力把部分岩层固定在一起,但两层岩层相对错动时,固定在一起的断层就会发生扭曲,最后断层断裂,两侧岩层迅速分离,而后又因弹性,回跳至压力较小的地质构造中去,在此过程中造成地面破裂和水平位移。虽然实际上,这个地震机制模型应用起来,存在很多困难,但其应用仍然最为广泛。

1906年旧金山大地震中的断层就是现在著名的圣安地烈斯断层,由调查地震的地质学家(包括安德鲁·劳森)首次发现。1989年亚洛马普列塔地震后,美国地质调查局出版了一份关于旧金山大地震的特殊报告,在报告中将其称为"世界上最知名的板块构造边界"。圣安地烈斯断层系统如同一道长长的伤疤，贯穿加州大部分地区，地质构造相当复杂，位于两侧的太平洋板块和北美洲板块慢慢相互错动，每年错动距离达 2.5 到 4 厘米。连同许多临近的断层，整个圣安地烈斯断层系统宽 95 千米，长 1 300 千米。

早在 1906 年，没有地质学家会相信大陆会漂移的板块运动学说。确实，没人能够合理又权威地解释断层的水平运动。19 世纪时，大陆的垂直运动成为主流地质学话题，查尔斯·莱尔的著作中也有此内容，并且在 19 世纪 30 年代深刻影响了查尔斯·达尔文。19 世纪末，学界认为较轻的地壳漂浮在密度更大、韧性更大的地幔上，因此地壳上升，山体隆起；地壳下沉，形成洋盆。相比之下，经过计算，那种数千千米的地壳水平位移在物理学上是不可能的。如果可能的话，这种位移所需的千钧之力是从哪里来的呢？移动大陆，穿过地壳所需的重力足够在一年内使地球停止自转。对物理学家而言，要证明这一点并非难事。

然而，有一个问题很难解释：不考虑早期关于大陆板块相互连接的假设，南美洲和非洲大陆的大西洋海岸线出奇的吻合，而且在大西洋两岸均发现了完全相同的动植物化石。二者海岸线完全吻合的特点早在 16 世纪就被人发现。当时，一位地图制造者称，北美洲和南美洲是从欧洲与非洲剥离出来的。1620 年，哲学家弗朗西斯·培根（其追随者成立了英国皇家学会）曾评论这两

提出大陆漂移学说的
气象学家、地质学家
阿尔弗雷德·魏格纳

块大陆明显的吻合度。1858 年，一个地图制造者出版了
描绘大陆漂移的地图。20 世纪前半叶，对于大西洋两岸
完全相同的动植物化石，人们更加认同的解释是大陆桥。
人们认为，那些生物通过一座大陆桥（比如连接巴西和
非洲的大陆桥）迁徙到对岸。后来，地球降温、缩小，
地壳向内崩塌，导致大陆桥被掩埋到地下。（在此之前，
学界认为放射性是地球内部热量的来源，并且一致认为
地球在渐渐降温，其热量慢慢流失到大气中。）

　　1911 年，一位精通多个学科的德国气象学家、天文
学家阿尔弗莱德·魏格纳开始坚信大陆漂移真实发生过。
一个被魏格纳称为"盘古大陆"的大陆发生碎裂，经过
几百万年后，大陆的碎片漂移成现在的大陆格局。1912
年年初，魏格纳宣布了这个观点，后来在 1915 年，魏格
纳终于将其出版在一本书中。10 年后，这本书被翻译成

英译本，书名为《大陆和海洋的起源》。在 1930 年魏格纳前往格陵兰岛考察时，这本书已经更新至第 4 版，而且被翻译成法语、瑞典语、西班牙语和俄语。只可惜天妒英才，作者魏格纳在那场考察中遇难。

很不幸，尽管魏格纳的激进观点——大陆漂移说基本正确，他提出的地震原理和对大陆漂移速度的计算都是错误的，因此大部分科学家拒绝认可大陆漂移说，并且芝加哥大学的美国地质学家罗林·钱柏林 1928 年时说，"如果我们相信魏格纳的假说，那么我们就必须忘掉过去 70 年间学习的知识，重头来过"。这是当时科学界对大陆漂移说的典型回应。

随后，在 20 世纪 60 年代，大量证据支持魏格纳的假说，众多权威性极高的科学研究和证据纷纷涌现，促使地球科学领域发生了一场大革命。令人不甚满意的大陆漂移说迅速进化成更具说服力、更加严谨的板块构造学说。地震学家苏珊·休将板块构造学说在地质学中的重要性和血液循环理论（在力图理清心脏病原因时提出）在医学中的重要性做比照，而地震学家接受板块构造学说的速度远快于医学家接受血液循环理论的速度。在 1963 年到 1970 年的短短几年内，大陆漂移学说从个人的奇怪观点转变为学界共识。2010 年，地震学家塞斯·斯坦说，板块构造学说是地质学中的重要概念，而大陆漂移学说则是其核心理论。20 世纪 70 年代，斯坦在加州理工学院学习地球物理学，是毕业班中第一代研究板块构造学说的地质学家。

　　最早支持这个新锐理论的证据（可能也是最具说服力的）包含对地震的研究，相关数据来自大西洋海底。自从 19 世纪 50 年代开始，学界怀疑大西洋中部海底存在一座山脉。1947 年，位于美国马萨诸塞州的伍兹霍尔海洋研究所开始利用当时最大功率的回声探声器，绘制中大西洋海岭的走势。研究人员发现，中大西洋海岭顺着大西洋中线延伸开来，距两侧大陆海岸的距离大致相等，最高峰达 3 000 米，低于海平面约 1 609 米。海泥样本显示，海岭岩石是火山灰沉积形成，年龄比研究人员预计的低很多，而且海底沉积物比预测的少很多，因为大西洋海底在地球历史早期就已形成，所以理应有很多沉积物。参与研究的地质学家布鲁斯·西曾顿时迷上这项研究，于是开始和他的制图助手玛丽·萨普在世界各地收集深度资料，并依此制作出第一份海底资料和地图，而其中一份地图促成了地震研究的一次突破。中大西洋海岭中有一条"V"形裂谷，顺着其中部位置延伸开来，西曾在一份地图上标记大西洋地震的震中位置，其他科学家也都在研究这些地震，他突然意识到这些地震都发生在海岭的中央裂谷上。标注出跨大西洋海底电缆破裂位置正好和地震数据保持一致，即海底电缆在中央裂谷上方破裂。

　　这一发现发生在 1956 年，从那时起到 1960 年，美国和英国海洋科考队使用深度记录仪，考察世界各个大洋，以追踪海岭系统。科考结果显示，印度洋和大西洋中心地带的海岭相互连接，并往南连接非洲大陆，再与澳大利亚和南极洲中间地带的海岭相连接，后者一路向北，穿过太平洋东部（即东太平洋海岭）抵达加利福尼亚州。海岭中央并不一定存在裂谷，而海岭的一些地方常常彼此分离数百千米，在大洋板块上造成巨大的破裂，而板块破裂之处正是地震的源头。中大西洋海岭高峰处存在的热流比海底其他地方的要高出 8 倍之多。显然，海底曾经被大规模撕裂并更新，可能这个过程现在还在发生。

1960 年，另一位美国地质学家哈利·赫斯对这些发现提出了一个至关重要的新解释，但是他的措辞十分谨慎，因为当时对于魏格纳的观点，他和同事的意见完全对立。"关于海洋是如何诞生的这一问题，现在的观点都是臆测，海洋诞生后的历史更是模糊不清，无人知晓，而我们现在才开始了解目前的海洋结构。"赫斯在自己的论文开头说道。随后，他郑重地告诉读者说，这篇论文是一篇"地理诗学论文"。魏格纳倾向于大陆漂移说，而赫斯则关注海底。他提出，海底的作用类似于双带式输送机，输送着大陆。新地壳在海岭或其顶部开裂处涌出，向两边流动，而同时，在靠近大陆边缘的海沟里，旧地壳不断消亡。赫斯计算发现，海岭两侧海底扩张（"海底扩"一词由地质学家罗伯特·迪茨随后提出）的速度为每年 1.25 厘米。照此速度，世界范围内海

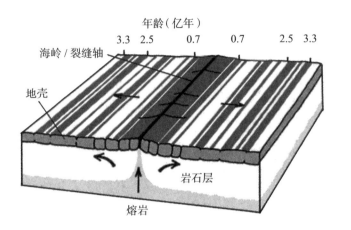

年龄（亿年）

3.3 2.5   0.7   0.7   2.5 3.3

海岭 / 裂缝轴

地壳

岩石层

熔岩

底的形成仅需 2 亿年，而不是之前设想的 10 亿或 20 亿年，海岭上最古老的岩石年龄，经测算，也是 10 亿到 20 亿岁。

直到 20 个世纪 70 年代，科学家利用潜水器近距离勘察大西洋海岭最近形成的岩浆，他们才有能力收集海底开裂处火山活动的第一手证据。但在 1963 年，科学家也能够观察冰岛南部海域海岭上的叙尔特塞火山突然喷发。然而，与此同时，他们也想到了一个巧妙的新方法，来提取新证据支持海底扩张学说。科学家从海岭上采集的岩石样本具有不一样的磁性，令人好奇。在复活节岛南侧的东太平洋海岭上取出的岩石样本特别具有代表性：海岭中轴两侧岩石的磁力方向不断转换，呈斑马线状：黑条表示磁力的一个方向，而中间的白条表示相反的方向。休写道，这些磁力特征使这些岩石样本成为板块构造说的"罗塞塔石碑"，压过一片质疑声。1963 年，两位英国海洋学家弗雷德里克·凡和德拉蒙德·马修斯在一篇论文中首次解释了这种磁场地质现象。从其他的科学研究中，他们了解到，历史上地球磁场层多次转变方向，北磁极和南磁极相互转换。地质编录显示，在过去 7 000 万年中，地球磁极每一百万年转变至少 3 到 4 次。因此，两位海洋学家提出，从海岭中喷出的岩浆冷却后，还保留着原本的磁力方向，而随后地球磁场转变了方向。相比之下，新火山岩冲破冷却的火山岩后，磁力方向发生逆转。火山岩的磁力范围从海岭两侧对称地延伸开来，因此成为化石，记录下这些岩石喷出海岭时地球磁场的情况。"所以，地表可以看作是带有两个磁带头的录音机，记录着地球磁场转换的历史。"凡在 1990 年写道。而且，因为磁极转换的时间可以单独算出，海底扩张的速度也可以从这些测量数据中算出。

现在说说板块构造说的发展。魏格纳猜测认为，刚性的大陆以某种方式漂浮在具有韧性的地壳上，而 1965 年加拿大地球物理学家约翰·图佐·威尔逊提出，地壳包含多个大型刚性板块，其部分边缘在不断生长，而部分边缘在不断消亡，并且这些板块也在世界范围内流动。"（板块）构造"源自希腊语"tekton"，意为"建造者"，在 1968 年到 1969 年间成为英语词汇，在这之前很长时间被地质学家用来形容地质活动的动态过程，比如造山运动，戴维森在其早期"构造型地震"的说法中就提到过这一点。威尔逊写道，板块之间有三种边界：

一是海岭或其开裂处，在这种边界上，两个板块处于生长中；二是海沟，即一个板块沉入另一个板块下方而消亡的地方；三是威尔逊所称的转换断层，即相互碰撞的板块既不生长，也不消亡。威尔逊认为，加利福尼亚圣安地烈斯断层就是一个转换断层。

威尔逊关于构造板块的基本图景仍然立得住脚。如今，科学家计算得出，世界上存在 7 个主要板块，即太平洋板块、印度洋板块、欧亚板块、非洲板块、北美洲板块、南美洲板块和南极洲板块。同时也存在一些小型板块，比如阿拉伯板块，这些小型板块的数量和形状仍然存在争议。板块的平均厚度接近 100 千米，已知板块中超过 90% 的构造边界位于水下，仅有一小部分露出海平面，比如圣安地烈斯断层、土耳其北安纳托利亚断层两侧的板块。

世界上大部分地震发生在板块边界。在世界地图上绘制的地震震中位置图（最早由马莱在 19 世纪 50 年代绘制）显示，1 000 场地震中，有 999 场发生在一些断层线上，甚至高震级地震中的大部分也发生在断层线上，而这些断层线通常是板块边界。但这一观点有循环论证之嫌，因为地质学家正是利用地震发生地作为一条信息，来找出板块边界所在地。地震震源的地图也能说明情况。

20 世纪 20 年代，地震学家和达清夫发现，在汤加海沟和日本海沟等太平洋海沟附近的地震震源都很浅，最深只达地壳下 16 千米。但日本海沟往西，在亚洲附近的震源显著加深，有的位于日本各岛下方 80 到 160 千米处，有的在日本海下 480 千米处，有的在中国东北海岸下 640 千米处。在许多板块边界上也是如此，原因如下。

板块边界存在摩擦和压力，岩石以熔化的形式，从地幔中喷出（发生在海岭处），或者再次熔化，被压入地幔中（发生在海沟处），后者是一个吞入的过程，被称为"俯冲作用"。一个板块俯冲入地壳深处，其中一部分会熔化，再以岩浆的形式回到地表，而这一过程的细节很大程度上是个谜团。

20 世纪，俯冲作用引发了一些大地震，包括 1960 年智利大地震、1964 年阿拉斯加大地震和 2004 年印度洋大地震。在智利，太平洋板块正以每年 8 厘米的速度，向南美洲板块下方俯冲，造成安第斯山脉不断升高。俯冲作用也发生在日本岛弧和汤加海沟附近，那里的太平洋板块以至少 35 度角，向欧亚板块俯冲，巨大的俯冲区时常引发地震，而随着板块深度增加，地震震源也逐渐加深。在美国太平洋西北海岸，俯冲作用发生在圣安地烈斯断层的北端。科学家认为，在最近的地质时期内，俯冲板块在北美板块下方消亡，喀斯喀特山脉上的大型火山就是其存在过的证据，圣海伦火山就是其中之一，并且在 1980 年发生大喷发。但现在，太平洋板块不再俯冲向北美洲板块，而是与其反方向漂移，发生摩擦。因此，加利福尼亚发生地震的震源比较浅，与太平洋海沟上或

圣海伦火山 1980 年
爆发前后对比图

附近发生的地震一样；相对而言，加州下方深处的岩石
没有俯冲板块的冲击。

　　事实上，如果两个密度不同的板块发生碰撞，板块
边界就会发生俯冲运动。在这种情况下，密度大的板块
会向密度小的板块的下方俯冲。相反，如果二者密度相
当，俯冲运动就不会发生，造山运动和地震活动仍然会
发生，只是通常情况下不会有火山活动。典型的例子就
是喜马拉雅山脉：印度脚下的板块挤入亚洲其他国家脚

下的板块，进而经常导致地震，比如阿富汗北部地区和克什米尔（兴都库什山脉）发生的地震，但是并没有火山运动。

用一位地球物理学家的话说，板块构造学说对地震的解释别具吸引力。在阿瑟·查尔斯·克拉克和麦克·麦克维尔 1996 年的科幻小说《里氏 10 级》中，一位专家甚至提出计划，在构造板块的 50 个关键地方进行"点焊"，以消灭地震。在地下深处引爆核弹，实现点焊，而地表并不受影响。

但是，这些解释可能掩盖了一些难以解释的事实。首先，什么导致板块运动？板块运动是何时开始的？在漫长的历史中，板块运动是持续不停的，还是间歇性的？这些问题的答案完全是个谜。魏格纳倾向于，地球自转产生的离心力和太阳与月亮的引力推动大陆漂移。热量和熔化的岩石从地幔和地核向上运动，到达地壳，就像煮汤锅下的火焰一样，今天地球物理学家尝试如此解释板块运动的原因。少部分地球物理学家认为，生物体在大陆边缘的海底产生石灰岩沉积物（来自海洋生物的残骸），可能最终改变了地壳岩石的化学成分和温度，使其处于不稳定的状态，进而导致板块运动。板块构造如果真的起始于生命进化，那就不可能像 45 亿年的地球一样古老。但板块运动毫无疑问催生了一些自然资源，比如石油和天然气，而正是这些资源维持着人类社会的运行。

　　根据板块构造学说，现在的地震与火山活动存在很多异常特征，板块内部地震就是其中之一。以夏威夷为例：夏威夷有一些著名火山，比如基拉韦厄火山，同时也经历过破坏性地震（在过去150年经历了9场）。但是夏威夷位于太平洋板块中部附近，与公认的板块边界相距甚远。以冲击欧亚板块的印度洋板块为例：喜马拉雅山脉发生的地震完全可以用板块构造说解释，但印度洋板块中部也发生过大型地震，而印度洋板块被认为是刚性的，理应无法产生形变，导致地震。事实上，世界上多个位置曾发生过大型的板块内部地震。北美洲板块中

夏威夷基拉韦厄火山岩浆池

就发生过三次强烈地震：最为知名的美国 1811—1812 年密苏里大地震、1886 年南卡罗来纳州查尔斯顿大地震和 2011 年发生在首都华盛顿的 5.9 级大地震。

1988 年，印度洋板块内的一系列 6 级地震撕裂了澳大利亚北领地的地面；2001 年，一场 7.6 级大地震摧毁了印度古吉拉特邦的一座城市——布杰，而这座城市距活跃的板块边界有几百千米；1992 年，在欧亚板块内部，一场破坏性地震袭击了荷兰、比利时、德国三国的交界处；而如我们所知，过去几个世纪里，英国国内发生过许多场具有一定破坏性的地震。

很多地震的深度也依旧是个谜。俯冲理论似乎为此提供了一个合理解释，可直到人们了解到，在没有明显俯冲运动的地区偶尔发生深度地震时，这一解释也无法自圆其说。比如，1997 年，罗马尼亚布加勒斯特发生一场震源 160 千米的地震，造成 1 500 人罹难。对此的解释可能是，该地区处在一个古老的俯冲区上，而后来的构造活动导致它的情况复杂难懂。西班牙、北非地区和印度中部地区的地震却并非如此。实际上，物理学界不认为任何地震的震源会低于 50 千米，有些计算结果显示的震源深度更低，因为实验室中的岩石，在类似温度和压力的挤压下，会变得具有延展性，并开始流动，而不破裂开来。确实，如果深处岩石没有这样的延展性，地震中构造板块就不会移动，导致地表破裂。

科学家已经做出多种努力，去解释所有这些难以解

释的事实，比如他们假定，刚性较弱的板块上也存在断层，就是这些断层导致板块内部地震；以及假设存在"（火山）热点"，导致夏威夷火山活动。但科学家必须将这些例外情况视为现行板块运动理论的严重缺陷，并加以研究。"20世纪，科学家更加清楚是什么物体在运动，但运动的原因和时间仍然是个谜。"菲利普·弗拉德金在自己关于圣安地烈斯断层的书中如此评价。21世纪，地震理论的基础并没有地震学家希望的那样稳固。

7. 加利福尼亚：圣安地烈斯断层之谜

　　1965年，板块构造学说的先驱约翰·图佐·威尔逊就详细研究了圣安地烈斯断层的地质起源。他假设圣安地烈斯断层是一个转换断层，位于太平洋板块上的两个不断扩张的海岭之间。后来，其他学者在分析中，考虑了对太平洋板块造成整体影响的力，确定了太平洋板块的总体情况——太平洋板块划过北美洲板块，有时会挤压北美洲板块，而其西侧向欧亚大陆板块下方俯冲，这些分析更加丰富了威尔逊的观点。

　　奈何，断层的详细情况永远无法完全弄清。科学家进行了几十年的研究工作，使用最先进的设备，监测断层表面和周围全部可能存在的特征。2003年，科学家在断层深处钻孔，放入观测设备，开始观测断层情况，这个项目被称为圣安地烈斯断层深度观测项目。即便如此，断层之谜仍然很难解开。不过，已经逐渐清晰的是断层复杂的地质特征。科学家现在不说圣安地烈斯断层，而称之为圣安地烈斯断层系统。在这个系统中，他们发现一个断层区域和断层本身。同时，断层系统宽80千米，和旧金山位于同一纬度，包括板块构造边界沿线附近陆上和海上所有断层，其中大多数有自己的名字和历史，包括海沃德断层。该断层位于旧金山东部，与圣安地烈斯断层主体走向平行，并在1868年发生严重断裂。圣安地烈斯断层区面积小很多，宽度从500到800米不等，遍布严重剪切的岩石。圣安地烈斯断层本身是地壳最新的、可观察的破裂之处，形状如单条或双条沟壑，或者是一系列平行的裂缝；断层表面没有断裂的地方被称为"隐伏断层"。令人生畏的卡里佐平原可能是其最显眼、被研究最多的部分。

地震学家研究圣安地烈斯断层的动机一部分是为了推动科学进步，一部分是为了预测并避免未来地震相关灾害可能破坏世界上最富庶地区之一的旧金山湾区、洛杉矶和很多其他人口及产业中心，如硅谷，这些地方都分布在断层之上或者附近。和关东大地震一样，1906年旧金山地震造成的破坏还有随后发生的火灾。"洛杉矶或旧金山湾区很有可能在加州漫长的季节性干旱中遭遇火灾，因为那时周围环境中的一草一木都极易着火。"马克·赖斯纳在他最后的书《一个危险的地方：加州险象环生》中写道。书中详细、令人信服地描写了未来一场大地震发生时的骇人场面。作者赖斯纳是美国西部水资源问题方面的专家，还撰写了《卡迪拉克沙漠》一书。在他看来，"供水系统会遭到破坏，甚至完全断水；地震必然引发火灾，而火灾会把地震中幸存的一切

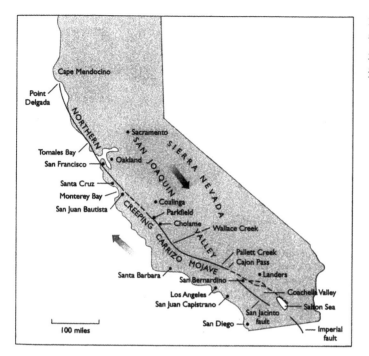

1857 年和 1906 年圣安地烈斯断层南段和北段相对滑动而过，造成地震

付之一炬"。

地震学家关注圣安地烈斯断层中的两段：北段，435 千米长，1906 年断裂；更加严峻的南段有 300 千米长，在 1857 年特洪堡大地震后，再也没有滑动过。绵延的中段正在稳定地蠕动，不积蓄任何压力。位于霍利斯特的谢纳加谷酿酒厂就建造在断层之上，蠕动慢慢撕裂建筑，但似乎断层有助于葡萄园的经营，目前该酒厂已经多年在葡萄酒展会上赢得奖杯。

弗拉德金开玩笑说，应该在葡萄酒瓶的标签上印"已被圣安地烈斯断层自然榨取"。这种稳定蠕动意味着，北起曼杜西诺角三节点，南至索尔顿海，长达 1 300 千米的圣安地烈斯断层，几乎不可能在单独一场地震中全部断裂。这就像在一块对折后的报纸上，用一块湿布沿着折痕的一部分滑动，想象着能将报纸一切为二。

1857 年，洛杉矶只是一个距离圣安地烈斯断层 65 千米远的小镇，人口数只有 4 000。特洪堡大地震中，一些房屋出现裂痕，但都没遭到严重破坏。加州南部遇难者仅为 2 人。除特洪堡被严重破坏外，并没有其他损失。圣安地烈斯断层最近经历的一次大地震是 1989 年的加州洛马普列塔地震，相比于 1857 年和 1906 年 7.9 级地震，洛马普列塔地震震级较小，只有 7 级。1989 年地震是由圣安地烈斯断层北段南端发生断裂引发的，造成 63 人遇难，近 4 000 人受伤，近 1 000 座房屋被毁，还有很多遭到严重破坏。主要在旧金山（特别是海港区）造成的经济损失达 60 亿美元，有些报道称经济损失远超这一数字。

近几十年来，令科学家担忧的是圣安地烈斯断层沿线地震活动的模式。断层沿线的一个重要部分，经常发生震动，虽然没有 1857 年和 1906 年断裂的那两段频繁，却也足够引起重视。可奇怪的是，离洛杉矶最近一段却异常安静，连极轻微的震动都不曾发生。21 世纪，如果圣安地烈斯断层断裂，到那时会出现先兆吗？ 1975 年中国海城大地震发生前，出现多次前震，提醒了震区几乎所有人逃至户外，躲避主震；1976 年中国遭遇了大地震——唐山大地震。震前发生了一次完全没有预料到的震颤,而这场大地震夺去了 20 多万条人命。圣安地烈斯断层断裂时,这些先兆会发生吗?

20 世纪 80 年代后期,位于洛杉矶南部、圣安地烈斯断层延伸至索尔顿海的地方,附近发生了一系列中等规模的地震,科学家因此开始担忧。1992 年,这一系列地震发展至顶峰:一场 7.4 级地震袭击了兰德斯。在随后不久的 1994 年,北岭遭遇了一场 6.7 级的地震。加利福尼亚的地震风险正在增加,并将会发生一场大地震吗?没人知道确切答案。这一系列地震可能在之后几十年内引发一场大规模地震,但也可能释放地震压力,不会引发大地震。

结果如何很难确定,主要难题在于圣安地烈斯断层不完全符合弹性回跳模型描述的地震活动的方式。以断层温度为例。不考虑断层断裂产生的爆发热量,两个板块之间相互摩擦时,会产生稳定的热量(就好像双手摩擦产生热量),导致断层周围的温度比其他地方高。但是,1990 年美国地质调查局对该断层系统的报告写道:

> 科学家从来没有探测到预想中会在摩擦过程中产生的热量,因此,尽管摩擦压力对了解板块运动和地震活动都具有重要意义,但其大小,即便按照震级大小来判断,也仍然无法确定。

事实上,在断层内测量出的压力是完全不切实际的。

从科学角度来看，这种压力的角度很高，并非与断层线平行，而是主要呈直角状；走向并非预想中的西北—东南走向，而是东北—西南走向。断层压力似乎在撕裂断层，而不是切断断层。如果真是如此，那么圣安地烈斯断层的能量实际上非常小。

目前还没有其他证据支持这个令人惊讶的结论。地震产生的压力不会导致地面出现大幅沉降，而这种沉降正是基于断层的弹性回跳模型进行计算时所需要的。如果会产生大幅沉降的话，那么即便一场小规模的地震也会在地面以每小时 40 千米的速度移动 90 米，在这种情况下，就算昆虫也难以存活。以前对此问题的解释存在偏颇，科学家说，地震开始时的压力在震后仍然存在于断层之中，因此导致余震发生。但是 1989 年洛马普列塔地震发生时，科学家对圣安地烈斯断层的研究最终否定了这个理论。美国地质调查局的一个研究团队对比了前震和余震的方向，发现余震的方向可以说是四面八方都有，和前震的方向不同。换句话说，地震几乎将断层中的压力全部释放完毕。他们总结说，断层中的初始压力肯定比弹性回跳模型预测得低。

地震模型和现实的另一个脱节之处是断层破裂的速度。很明显，科学家无法目睹断层破裂的发生，但目击者的描述表明，断层破裂的速度比弹性回跳模型允许的最高速还要快很多，而且断层也比预料中更容易滑动。在针对 1983 年爱达荷州 7.2 级地震的报告显示，目击者看见断层的一侧在仅 1 秒钟内就被推向空中 1 米。如果传统观点中认为的摩擦力减慢了滑动，那么这个滑动过程可能会持续 10 秒钟。

但是，另一证据能够证实历史上地震对遍布加州南部地区、摇摇欲坠的巨石的影响。那里有很多巨石，是远古强烈地震活动的"地震仪"。地震导致的地面震动超过一定强度时，这些巨石会发生倾覆。地质学家詹姆斯·布律纳和其同事使用起重设备，进行实验，测算能将巨石倾覆的地面活动的强度，同时对其表面清漆和长时间产生的同位素进行化学分析。这些方法在地震学家间仍然存在质疑，如果被认定为有效，那么结果就是，再过去 10 000 年后或更长久的时间内，这些巨石在经历了多次大地震后仍然没有倾覆。可能，在这些地震导致的地面震动强度并没有基于弹性回跳模型中强烈断层预测得强。

1992 年，《科学》期刊在一份关于地震的报告中使用了"软弱断层全部断裂"的标题。报告开头提醒读者说"以前我们对地震的观点太过简单了"，随后立即引用了斯坦福大学地球物理学家马克·佐白科研究圣安地烈斯断层多年后形成的观点："我们根本不了解地震的原因，经过这么多年研究后，我们依然没有任何线索。"并非所有地震科学家都如此悲观，然而他们都承认现有的弹性回跳模型具有严重的局限性。苏珊·休在《地震科学：我们对地震的知与不知》一书中写道，"断层如何以及何时断裂？地震为何停止？断裂线是怎样穿过复杂的断层带的？"这些问题至今仍未得到解答。"对于地震基本原理的任何解释即便解决了一些问题，但也必然提出一些新问题。"

塞斯·斯坦在教授本科生弹性回跳理论时，用橡皮带粘在一个盒子上，盒子里有一块肥皂，盒子放在一块瑜伽垫上，然后试着用橡皮带拉动盒子。起初，橡皮带被拉长，而盒子没有动；当橡皮带的拉力超过盒子与瑜伽垫的摩擦力时，盒子立即向前滑动，直至橡皮带回到原来长度。"这个模拟实验直观地揭示了断层和地震的产生原理。"斯塔写道。但那些不认同弹性回跳理论的科学家却给出了完全不一样的模型。科学家对于地震的思考十分跳脱，他们认真地提出了多种不同的断层运动模型，包括香蕉皮相向滑动；不从侧面而从上方推动一块正在融化的冰块（这个方向的力模拟圣安地烈斯断层受到的高角度压力）；褶皱在一块小地毯上迅速蔓延，而并不需要笨拙地拉动地毯来让地毯平整（装修地毯的人一直以来都在利用这个原理）。最后这个模型类似于金属晶格在错位和变形时，晶格内缺陷的运动。

断层运动模型多种多样，但都认同一点：断层两边存在某种物质，起到润滑作用，导致断层软弱。加州理工学院的科学家托马斯·伊顿在一项关于地震机制的重要研究中认为，"液体上涌可能导致地震的发生"。圣安地烈斯浅源地震发生地位于地下 5 到 16 千米处，考虑到那里的温度和压力, 润滑物质不可能是石屑或黏土, 而可能是断层形成时被困在里面的矿物流体, 或者是从断层下更加柔软的区域喷涌上来的流体。富含镁元素的蛇纹岩在高温流体的作用下, 会形成含水硅酸镁, 即滑石, 这也是导致断层运动的一个因素。加州中部存在蛇纹岩, 也可能存在滑石, 而圣安地烈斯断层正渐渐蔓延至此, 这可能并非巧合。

润滑物也可能是水, 因为从断层遭受的侵蚀外观判断, 断层深处存在大量的水。实际上, 除圣安地烈斯断层外, 在其他地区收集的证据强有力地支持这种观点。例如, 在 20 世纪 60 年代早期, 科罗拉多州丹佛发生一系列地震, 而在这之前, 当地很少发生地震。1962 年 4 月到 1963 年 9 月间, 当地地震监测站记录显示, 超过 700 次地震的震中位于丹佛, 震级最高达 4.3 级。在随后的 1964 年中, 地震陡然减少; 1965 年又发生了一系列地震。结果, 导致这一系列地震的是美军。在丹佛东北部的落基山兵工厂, 美军将武器制造产生的污水注入深达 3 660 米的深井中, 从 1962 年 3 月开始, 至 1963 年 9 月停止。经过地震后, 丹佛当地居民成功地阻止了军队这种排污行为。

美军的这种污水处理行为算是一种偶然性的实验, 由此美国地质调查局于 1969 年在科罗拉多西部城市兰芝利的一处油田设计了一次实验: 随意地往油井中注水或将油井内的水排出, 并测量地壳岩石所受到的孔隙压力,即岩石所吸收的流体压力，同时用当地的地震仪监测地震活动。结果表明，强大的孔隙压力和地震活动的增加之间存在极强的联系。所以，丹佛和兰芝利的实验以及油气开采过程中极具争议的水力压裂法都表明，水进入断层之下，会润滑断层，进而导致地震。可以想象，这个结论中的方法可以用来有选择性地释放断层压力，比如圣安地烈斯断层。如果能够触发可控的小型地震，那么就可以避免具有破坏力的大型地震。不过，这个想法漏洞太大，类似于上一章中提及的利用地下核爆对构造板块进行点焊的科幻想法，除非科学家对地震发生机制的理解取得巨大进步，否则这个想法不可能投入实践。

1906 年地震后，士兵在燃烧着的市场大街上巡逻

1906 年大地震后，为无家可归的人准备应急食物

在美国加利福尼亚，商业利益长久以来都左右着州政府对圣安地烈斯断层采取的政策。既得利益者通常喜欢故意模糊加州面临的地震风险，从而阻止调查委员将这种风险向公众曝光。1868 年海沃德断层地震持续时间是 1989 年洛马普列塔地震的三倍，给旧金山造成了严重破坏，关于这场地震的一份令人不安的科学报告从来没有被出版，显然是当局和旧金山商会打压的结果，所以 1868 年的海沃德断层地震没有提供任何经验，用以指导如何在旧金山建造安全抗震的建筑。而在 1906 年地震后，很长一段时间内，人们都把城市遭受的破坏归罪于火灾，而不是地震本身，并且这种观点深入人心。出现这种情况的原因有三：第一，建筑保险条款通常包括火灾造成的损坏，而不包括地震带来的损坏；第二，人们关注震后火灾的话，就不会关注这座城市长久以来面临的地震风险；第三，这样的观点就会鼓励人们以最快的

145

速度，将这座城市重建成原来的面貌，而不必花费巨大的成本改变建筑物的地基和结构工程。旧金山日报也跟风煽动这种观点，专门报道美国东部发生的轻微震动，而不报道旧金山当地发生的强烈余震。就连地震中的罹难人数也被刻意低估为 700 人，而当地两位研究员格拉迪斯·汉森和艾米特·康登在 1989 年出版的《否认灾难》一书中揭露，1906 年地震中，仅旧金山一地的罹难人数就超过 3 000。20 世纪 60 年代，汉森负责在市图书馆管理人口系谱。图书馆内常常有人来向她查询逝世于 1906 年的人员名单，结果她发现根本不存在这个名单，于是她开始对 1906 年的真相感兴趣。而直到那场地震发生后将近一个世纪，如此之高的遇难人数才被普遍接受。

"这种无所谓的政策可能在世界上其他地震频发地区都不可能存在，却持续到了现在，而且现在伴随而来的还有隐藏政策。"著名地质学家格罗夫·卡尔·吉尔伯特在 1909 年美国地理学家协会的主席就职演讲中抱怨道。"政策制定者害怕如果加州因为地面不稳定而得名，那么移民流就会受到限制，资本会流向其他地方，商业活动会遭到重创。"

在加州南部，经过 6.4 级的长滩地震后，"盲目乐观的洛杉矶市议会通过一项决议，强调 1933 年地震产生的积极意义。"弗拉德金说。许多居民说服自己，相信长滩地震之于加州南部地区，如同 1906 年大地震之于加州北部地区。"尽管破坏程度并不严重，"查尔斯·里克特承认说，"但这场地震仍然被列为大型地震"。但他补充道：

> "这场灾难也产生了一些好的结果。有人因信息不全或被误导，否定或掩盖洛杉矶都市区存在的严重地震风险，而这场灾难遏制住了这些甚嚣尘上的错误言论。"

当时，加州民众对地震几乎一无所知，或者对于人类的力量盲目乐观。记者、社会评论家凯丽·麦克威廉姆斯收集了 1933 年地震后立马在长滩本地报纸上流传的一些民间传说：

> 长滩市里，一辆沿着林荫大道前行的汽车晃动得厉害，4 个轮子都掉了；震后，长滩市的殡葬从业者免费为 60 岁及以上逝世者提供殡葬服务；罗伯特·皮尔斯·舒勒牧师在竞选参议员时没有当选，而他会在加州南部施下恶毒诅咒，这场地震就是第一个凶兆；在离帕洛斯弗迪斯岛几千米的海上，船上的水手看见挺高的山丘从视线中消失不见；长滩市的私酒贩子出于公益奉献精神，把大量的酒精捐给当地医疗机构，因而拯救了数百条生命；地震当中，女人们表现出大无畏精神，而男人们腿软到站不起来；地震引发的地面震动导致了长滩市几十位孕妇流产；还有，一场地震经常导致女性产生永久

性、恼人的月经失调；在加州南部，凡是没有被地震破坏的建筑都是"抗震"的；最后就是司空见惯的末日传说——3月24日，地震过后，一颗闪耀的流星划破长空，预示着世界末日的到来。

　　1906年地震催生的一个著名民间传说甚至愚弄了吉尔伯特、斯塔福大学（地震摧毁了该校新的地质学校舍）校长大卫·斯塔尔·乔丹和一个记者。吉尔伯特在一份报告中说，在雷斯岬站南部奥利马镇一座农场，一头牛被地面裂缝吞噬，唯一留在地上的尾巴后来也被一群狗给吃了。但是，他本人并没有见到那只奶牛或那条尾巴，随后也没能找到能够容下一头牛的裂缝。可是他却说，"对于这一点（奶牛被裂缝吞噬）的证据是毋庸置疑的，裂缝肯定是由地面的短暂分离导致的"。也许是这个农场的主人潘恩·沙夫特与吉尔伯特及其他人开了个玩笑。"沙夫特掩埋了一具牛的尸体，随后发生了地震，"弗拉德金写道，"他埋了一头牛，然后给那些喜欢制造麻烦的报社记者和地质学家编了一个'好'故事。"

　　在如今的加利福尼亚，除地震学家、地球物理学家、工程师、建筑师和保险公司外，大多数人仍然持有那种无所谓的态度。加州从来不缺传统习俗，但没有地震相关的习俗，而且令人奇怪的是，连地震相关的文化都没有，只有偶尔出版的小说，比如弗朗西斯·斯科特·菲茨杰拉德的《最后的大亨》描写一场地震。更令人惊奇的是，加州因其美丽的景色而广受赞誉，而和当地政府从未想过效仿亚利桑那州把科罗拉多大峡谷列为自然景观一样，将圣安地烈斯断层设为自然景区，路上也没有路标引领游客前去游玩，只有三处路标指示出口。20 世纪 90 年代，弗拉德金游历圣安地烈斯断层，并把游览经历写在《里氏 8 级》一书中。在书中，他问道："住在这种巨大的自然之力附近或者正上方会有怎样的体验呢？"而他诚恳地回答说：

> "大多数人不知道圣安地烈斯断层位于哪里，因为根本没有路标指示，而且地震活动也不频繁。其他人也不在意。我在断层线附近遇到的人大多持有这种态度，当地居民经常流动，不会长期眷恋这片土地。"

好莱坞的电影制作人对公众情感历来敏感，好从中获利，而他们肯定觉察到了公众这种无所谓的态度。关于加州地震有一些知名的专题电影：灾难电影《地震》1974 年上映。影片中洛杉矶被一场大地震摧毁，查尔顿·赫斯顿担纲主演，扮演一位工程师；在 1996 年上映的反乌托邦电影《逃出洛杉矶》中，洛杉矶也遭到破坏。但是，环球影业主题公园的自然灾难部分中，游客体验到的地震模拟自旧金山地震，而不是洛杉矶地震。日落大道大概在好莱坞断层之上或在其北侧，这条大道上也

An Event...

Starring
CHARLTON HESTON
AVA GARDNER · GEORGE KENNEDY
LORNE GREENE · GENEVIEVE BUJOLD · RICHARD ROUNDTREE

Co-starring MARJOE GORTNER · BARRY SULLIVAN · LLOYD NOLAN · VICTORIA PRINCIPAL

Written by GEORGE FOX and MARIO PUZO   Music by JOHN WILLIAMS   Produced and Directed by MARK ROBSON

Executive Producer JENNINGS LANG · A MARK ROBSON-FILMAKERS GROUP PRODUCTION   A UNIVERSAL PICTURE · TECHNICOLOR™ PANAVISION®

74/383

"EARTHQUAKE"

没有任何标志，指示这个断层鬼魅般的存在。洛杉矶会议及旅游局运作的旅游信息中心表示，"洛杉矶附近的断层不能算是景点"。洛杉矶面临着巨大的潜在危险，但没人知道下一场大地震什么时候发生，所以只有人类否认或至少试着去忘记圣安地烈斯断层系统存在的长期隐患。

电影《地震》海报

8. 测不可测

北岭是一个洛杉矶的一个街区，位于圣费尔南多谷内。1994年，当地发生一场地震，造成的破坏令人不免联想到，如果洛杉矶遭遇大地震袭击将会造成怎样的灾难。尽管这场地震的震级较低，只有6.7级，但震中附近的地面加速度是北美洲有记录以来最快的，相当于重力加速度的1.7倍。第二次世界大战之前，震区主要是农田，而到20世纪90年代，该地区已经被重度开发。地震中，当地部分公路系统遭到严重破坏，吸引了国际媒体的目光，但纯属幸运的是，地震发生在凌晨4:31，所以几千名通勤上班族幸免于难。洛杉矶警局的一位摩托车骑警遇难，他的摩托车从一座坍塌的12米高的立交桥上掉落。一年后，这座重新开通的立交桥就以他的名字命名。这场地震预计造成损失价值200亿美元，居美国历史之最。电影导演约翰·卡朋特长期居住在洛杉矶，他受到地震破坏场景的刺激，开始拍摄灾难片《逃出洛杉矶》。他告诉《洛杉矶时报》说，拍摄的动机是"我们一面生活在庞贝一样的城市中，坐等火山喷发，一面却

选择否认这一事实"。

　　苏珊·休在《地震科学》一书中写道，地震发生后不久，南加州的地球科学界仍然着急忙慌、乱成一团，伴随着强烈的、极具破坏性的震动，这时有人问一位著名地震学家，"有没有人预测到这场地震"。而这位地震学家的回答也颇为讽刺，"现在还没有"。

　　地震预测如同迷人的海市蜃楼一般，总是在向你招手，但你就是够不着。一场大地震后，外行人大可以宣称自己成功预测了这场地震，然后拿着他们所谓的"痕迹记录"去预测下一场地震。地震学方面的专业人士虽然可以有正当理由宣布在预测大型地震发生地上取得了些许成功，但仍然无法预测地震的准确时间。但地震学家也经常忍不住诱惑，进行大胆预测。1923 年，日本顶尖地震学家大森房吉大错特错，没能预测出关东大地震的发生；而其同事今村明恒在此方面取得一定的成功。

他准确预测出地震震中（相模湾水下）和时间（1905 年后的 50 年内）。然而，他的预测却没有可靠的理论加以支撑。在 20 世纪 70 年代，地震预测的可信度似乎有所增加。一位美国著名地质学家预测，1980 年末秘鲁会发生一场 8.4 级地震，随后又改为 1981 年 6 月。他的预测让秘鲁全国陷入恐慌，可最终地震没有发生，而他的预测也就成了一次虚假警告。1989 年，一位气候学家预测，1990 年 12 月 3 日美国中西部地区会发生一次大地震，而其他地震学家在这之前就已经担忧该地区可能发生地震。但是，密苏里居民还是花费 2 200 万美元购买保险。同样，什么事也没发生。另一方面，2009 年，意大利阿布鲁佐大区经历频繁的震动后，政府科学家预测大地震发生的可能性为零。一周后，一场 6.3 级的破坏性地震袭击了拉奎拉，随后科学家被拉奎拉市当局告上法庭。地震当中，一名外科医生幸存，但他的妻子、女儿在地震中遇难，他痛苦地说："那天晚上，在第一次震动后，拉奎拉的所有老人都跑到户外过夜，而像我们这样习惯于使用互联网、电视，相信科学的人却选择留在室内。"

地震预测中具有一定可信度的是 1975 年中国的海城大地震。1974 年，辽宁省发生了一些轻微震动，而这些震动越来越剧烈，但是此前超过 100 年内，无论大型地震，还是中型地震，辽宁省都没有经历过。1974 年头五个月，中国科学家测量到五次异常数值，同时也发现当地大部分地面被抬高并向西北倾斜，而且当地的地球磁场强度也在逐渐上升。他们观测到不正常的地下电流数值和井水水位。于是，位于北京的地震局发布预测：两年内，渤海北部地区将遭遇一场中到大型地震。同年12月22日发生了另一波密集的震动，随后预测更加精准：1975年上半年，辽东半岛南部将发生一场5.5到6级的地震。

在受影响的全部地区，动物开始行为异常：蛇从冬眠中提前苏醒，在冰雪中冻死；老鼠成窝出现，焦躁不安，毫不惧怕人类；小猪咬下并吃掉自己的尾巴；井水开始冒泡；72小时内发生了500次震动，并在1975年2月4日晚上7:51达到顶点，震级为5.1级。随后发生许多次中型地震，但到深夜，地震活动逐渐停止。

营口市地震办公室负责人在当天上午8:15召开紧急会议，会上他积极督促与会干部为地震做好准备。于是，当地党员干部决定开始疏散群众。2月4日下午2:00，辽宁省南部300万居民接到通知，有序离开自家房屋，到户外帐篷里过夜。当时户外温度已降至零下十几度。海城县的地震观测员感觉情况没那么紧急，所以疏散规模并不大。

地震当天，专家预测地震会在晚上8:00前发生，晚上7:00时震级为7级，晚上8:00时震级为8级。晚上7:36，地震来袭，震级7.3级。天空中出现大面积闪光，地面起伏波动，井水和泥沙被喷出4.5米高，道路和桥梁坍塌，建筑纷纷倒塌。营口和海城（人口9万）大部分建筑遭到毁坏。地震发生在晚上，所以学校、办公楼、工厂等砖石建筑里都没有人，因此遇难人数相对较少。

一年半后的唐山人就没那么幸运了。唐山是一个工业和矿业中心，人口 100 万，在北京东面 100 多千米处，1976 年 7 月 28 日遭遇了一场 7.8 级的大地震，比海城地震震级还高，而且发生在凌晨 3:42，还没发生前震。科学家观测到的仅有的前兆，比如当天夜晚出现的奇怪的光亮和上下波动的井水水位，都不足以预测地震，或者被一些人忽略了。而当时，唐山这座城市正陷入梦乡。随后发生的这场地震导致的遇难人数约 24 万。

1975 年一份报告称，"海城地震得到成功预测，无数人获救"。"地震预测有时听起来，毫无疑问，是可笑的，但很明显，也是在对前震活动的某种推测的基础上形成

1976 年唐山大地震中一排房屋水平移动 1.5 米；照片拍摄于地震后 6 年

的。"休在她研究地震预测的书《测不可测》中写道。专家告诉采访者说，他的预测是基于一本书——《颖川集》。他观测到 1974 年秋天的多场暴雨和愈演愈烈的地震活动后，预测地震会发生在农历大寒结束当天，也就是 2 月 4 日晚上 8 点，但实际上他弄错时间了，大寒真正结束的时间是晚上 7 点，也就是地震发生的时间只比他预测的晚了半小时。

地震预测作为一门科学在历史上命运多舛，不过这倒也不奇怪。"预测地震就好像是一个人想要把木板放在膝盖上折断，而且要试着预测木板断裂的位置和时间。"查尔斯·里克特在 1958 年写道："所有声称能预测未来地震的人都是基于自我想象；即便有资历的地震学家也曾被地震预测难以捉摸的本质迷惑。"1976 年，里克特在一些未发表的笔记中写道：

> "给那些预测者带来麻烦的是自己的骄傲自大，加上毫无用处的半瓶子墨水，所以他们没有认识到一个基本的科学规则——自我批判。迫切渴望关注的心理扭曲了他们对事实的理解，有时候让他们公然撒谎。"

科学家希望能将对地震的长期预测主要建立在弹性回跳模型的周期性概念上，即断层压力处于不断积累的状态，并且会在经常发生的断裂中突然释放。我们回到

1966 年日本松代地震群发生期间的地震"光线"

这一点上来。对比之下，短期预测依靠地震前兆，再就是观测并测量地震前兆的监测设备、技术人员和社会组织。可能的地震前兆包括前震、地面张力、倾斜度、高度和地电阻率的变化、当地磁场和重力场的变化、地表水位的变化和动物的异常行为。有些前兆在大型地震发生的几个月甚至几年前出现，其他的可能只在地震发生的数天或数小时前出现。

前震是最有用的前兆。不幸的是，前震经常不发生，至少在震前很短的时间内不发生。1923 年日本关东大地震没有前震；1976年唐山大地震没有；2001年印度古吉拉特邦地震没有；美国加州的一场大地震没有；1971年圣费尔南多6.5级地震没有。但是，圣费尔南多地震发生前30个月中，当地发生过很多次微型地震，后续研究显示，在大地震前，P波的速度降低了10%到15%，之后又回到正常速度。苏联地震学家也发现了十分类似的现象。20世纪50年代到60年代中，苏联地震学家在仔细监测了塔吉克斯坦境内的小型和大型地震活动，他们发现P波和S波的比值在可变周期内发生下降，然后在一场大地震发生之前突然回到正常值。受苏联研究结果的刺激，美国得到的监测结果似乎证实了这一总体情况，于是一时间学界对地震预测的乐观态度空前高涨。《科学美国人》在1975年介绍了一篇关于地震预测的文章，进一步宣称："进来的技术进步让学界长久以来追求的目标近在咫尺。凭借充足的资金支持，很多国家，包括美国，可以对十年内的地震进行可靠的长期和短期预测。"但随后对圣安地烈斯断层上地震活动的广泛测量显示，无法根据P波进行总体的地震预测。如果这种预测方法真的有用，也只会像很多其他方法一样，只能在某些具备特定地质条件的地方使用，而且还是那些经过长期、广泛研究的地质条件。

对于试图了解地面上升和沉降的研究来说，肯定是正确的。1964年6月16日，日本西部沿海城市新潟发生了一场大地震，震中位于栗岛海岸附近。栗岛海岸线突然下沉 15 到 20 厘米，虽然并不算多，但当标注在 1898 年绘制的地面上升图（相对于海平面）中时，这次地面陡然沉降就发生在栗岛对面陆地的逐渐上升过程（上升速度近每年 2 厘米）之后。当然，这一现象是在地震发生之后被发现的。借助激光测距设备和全球卫星定位系统的不断监控潜在不安定地区的地面上升情况，这种地面上升可能最终成为预测地震的有用指标。

但是，即便可以在灾难到来之前，成功量化地面上升幅度，还存在一个棘手的问题——如何解读这些数据。最知名的一个例子就是"帕姆代尔隆起"，即以帕姆代尔市为中心的地面隆起，距离洛杉矶约 72 千米，顺圣安地烈斯断层延长 160 千米。从 20 世纪 60 年代开始（GPS 还未发明），科学家就开始测量该地区的地面上升活动，据说总共上升了惊人的 35 厘米，但是之后的研究显示这个数字的计算方法有误，进而导致学界在随后十年内激烈地争论此地的地面上升是否真的存在。地面上升如果真的存在，预示着什么？一场地震吗（该地区位于断层南段的 300 千米的断层线上，而且该段断层线从 1857 年起就从未滑动过）？休写道，最终结论是，有充足证据表明帕姆代尔地区确实出现过地面上升的情况，是由 1952 年克恩县地震引起的，"但是作为末日的预兆，这种地面上升明显没有达到大家的预期"。

如果三位希腊科学家（两位固体物理学家和一位电子工程师）是正确的话，对地面电阻率的研究或许能够

公路横截面显示了加利福尼亚帕姆代尔附近圣安地烈斯断层里的地质褶皱

解释如帕姆代尔地面上升等现象，并且也能提供一种预测地震的方法。VAN 方法以其三位发明者的名字命名。这个方法基于约翰·米恩在 1898 年递交给英国皇家学会的一篇论文中首次报告的一个事实。在一场大地震之前，在地下循环、波动的自然电流会受到干扰，因此导致地面电阻率产生变化。多个国家曾经尝试探测所谓的地震电信号，并用来预测地震，但均宣告失败。然而，三位希腊科学家在 20 世纪 80 年代仍走老路，并宣布获得重大结果：在 1988 年和 1989 年间他们预测了希腊周边 17 场地震的大致地点和震级。

VAN 预测方法虽然在世界各地的科学界都有其支持者，但也受到诸多非议。这种方法面临的一个难题是，世界上每个地区在解读数据方面都存在特殊的问题，这个难题在地震学中很常见。另一个难题是，在少见地震的地区校准 VAN 监测站网络需要很长时间，也许几十年之久。第三个难题是"地震电信号"这一概念缺乏令人满意的解释。但是最大的难题是，根据 VAN 的假设，地震发生时，地震电信号并不是普遍存在的，只能在某些敏感位置探测到。所以，大型地震前不存在地震电信号的任何反面证据都永远不能推翻这种假设，因为这种假设遇到任何反面结果时，都可以说这个结果是在不敏感位置记录得到的。

和电阻率变化不同，一些地震前，动物是否会出现异常行为还没有通过控制实验证实。研究人员发现蟑螂活动和地震没有联系，而且即便在地震中佩戴地震感应器的牛也没有任何反应。而在暴风雨中，宠物可能走失，因此大型暴风雨和宠物丢失的告示存在关联。但围绕着动物展开的地震实验存在一个明显的困难，并且地震学家直觉上反感动物活动的轶事报告，而更希望将不多的研究资金花在更可能产出结果的调查上去。

可是，有充足的证据表明，动物也许能感受到地震的到来，比如 1975 年发生在辽宁的地震中就有这种现象。关于此类动物活动的报告，世界各地都存在，时间可以追溯到古代，赫尔穆特·特里布奇在《当蛇苏醒》一书中记录了这些活动。特布里奇提到，在公元前 469 年斯巴达发生的一场地震中，一只兔子预感到地震的到来。老普林尼在《自然历史》中也描述了类似情况。伊曼努尔·康德写道，在 1755 年里斯本大地震中：

> 地震甚至影响到周围的空气。地震发生前一小时，天空变为红色，仿佛空气成分都发生改变。地震来袭前一刻，动物们都惊慌失措，鸟类纷纷逃入室内，老鼠爬出洞穴。

在 1923 年关东大地震前，鲇鱼焦躁不安地在池塘中翻腾，多到可以装满很多桶。在中国，地震发生时，惶恐的老鼠到处乱窜，人们认为这是地震前兆。一份科学报告显示，1974 年 5 月，老鼠乱窜的这种前兆，在地震中拯救了云南省的一个家庭。从5月5日开始，一位家庭主妇就发现老鼠在家里乱窜；5月10日，老鼠发出叽叽喳喳的声音，太过吵闹，于是她就起床驱赶。忽然，她想起在一次地震展览上的经历，明白可能要发生地震，所以从房子里疏散了自己家里人。第二天早上真的发生了一场7.1级的地震，而她家的房子在地震中倒塌。

世界各地对于此类情况的报告多达几千次，这可能表明，相比于人类，动物对震动、声音、电场、磁场和气体泄漏的味道更敏感。动物似乎会暴露在地面散发的带电粒子云中，这种解释可能性似乎最大。如果确定动物这种反应的成因，然后据此设计出能模拟动物反应、成本合理的设备，那么就不需要用动物来预测地震了，就好像不再需要用金丝雀来检测竖井中的瓦斯一样。

相较于长期天气预测，长期地震预测更加困难，而且风险更大。地质变化过程特别缓慢，即便利用100年变化数据进行预测，也相当于用一分钟的天气观测结果来预测明天的天气。在20世纪60年代板块构造学说诞生之前，科学家能够确定的唯一地震规律是，大部分地震会发生在曾经发生过的地方。如今的理论也关注这种说法，认为一个地方如果上一次地震过去的时间越久，久越有可能遭遇另一场地震。许多科学家也认为，地震的规模会随着间隔时间的延长而增大。

帕利特河长55千米，位于洛杉矶东北部，地质学家凯瑞·西在这条河上，往圣安地烈斯断层内挖沟，发

展示动物预感地震的海报

现了高度分化的淤泥、沙和泥炭层，这些层看似在过去 1400 年内受到一系列大地震的影响。利用碳定年法，凯瑞·西确定了这些大地震发生的大致年份：1857 年、1745 年、1470 年、1245 年、1190 年、965 年、860 年、665 年和 545 年。最长间隔时间是 275 年，最短 55 年，平均间隔时间是 160 年。加州南部地区会在之后 10 年内经历又一次大地震吗？或者这个世纪内？在帕利特河上发现的地震间隔期明显波动太大，在地震预测方面没有任何意义。加州北部海沃德断层的情况似乎更加清楚，另一位地质学家吉姆·连坎珀也开凿出沟壑，发现再过去 1650 年海沃德断层附近发生过 12 场大地震（震级约 7 级），最近一次在 1868 年，最后 5 场地震的平均间隔时间是 140 年。但参考地震学家在帕克菲尔德的经验，这个证据还不够充分，不能预测海沃德断层下一次大地震的时间。

帕克菲尔德位于圣安地烈斯断层上，处于洛杉矶和旧金山之间，在 20 世纪 80 年代末到 90 年代初的几年间自诩为"世界地震之都"，号称"土地为你而动"。当地的地震预测工作是唯一获得美国官方认可的。地震间隔时间似乎是约 22 年：在 1857 年和 1881 年当地报告了中型地震；1901 年、1922 年、1934 年和 1966 年均有地震的科学记录，最后一场地震是碰巧被用来监测地下核爆实验的地震仪监测到的。1985 年，美国地震研究局宣布，在 1992 年之前，帕克菲尔德有百分之九十五的可能性会发生一场 6 级地震。

因此，当地政府和居民准备 7 年时间，耗资 1 800 万美元后，该地区最终被认定为地震不活跃区，而当地最大的一场地震发生于 1992 年 10 月，震级只有 4.5 级，随后美国地震调查局迅速发布警告称，72 小时内将会发生一场 6 级大地震。为此，加州紧急服务办公室在帕克菲尔德餐厅外设置了一个流动行动中心，消防车在附近城镇等候火情出现，居民则开始大量储水，四五家报社的直升机在头顶盘旋，十几家报社的记者进入现场准备记录地震时刻。然而，一点地震的迹象都没有。

但 37 年后，这场大地震最终降临。地震时，断层由南往北断裂，而不是预测的由北往南，除此以外，断层断裂程度和地震震级都符合预测。作为地震预测的典型代表，这次预测应当视作非常成功的一次。帕克菲尔德预测实验和其他地区失败的预测加剧了公众对大部分地震学家的批评，导致科学家们在 70 年代的那份自信荡然无存。1979 年，4 位地球物理学家对环太平洋地震的预测工作进行了研究。他们找出过去 30 年内没有经历过地震的部分板块边界，称为"地震空白区"，认为这些区域发生大地震的可能性很大。1979 年后的 10 年内，太平洋北部发生过 37 场 7 级大地震，其中 4 场发生在假设的高风险地震空白区，16 场发生在中风险区，17 场发生在低风险区。如果这些区域的风险等级是随机分配的，那么地震活动的真实情况和预测情况就会更加吻合了。大型地震最适合用弹性回跳模型来解释。如果算入考虑范围内，那么地震预测成功的可能性是否会增加呢？很显然不会：9 场 7.5 级及以上的地震中，1 场发生在高风险区，3 场发生在中风险区，5 场发生在低风险区。"地震空白区模型明显失效，令人意想不到。因为人们感觉这个模型会成功的。"《自然》期刊的一篇报告评论说，"也许是因为某些地区的地震活动是准周期的，而有些地区是聚集性的"。

地震预测领域对任何猜测都敞开大门。许多预测是由非科学或伪科学手段得出的，而其中大多数也被忽略了。然而，因为某些不知名原因，一个非科学预测却在民间流传开来，并导致民众恐慌。1989 年 12 月，美国一位自学成才的"气候学家"伊本·布朗宁预测说，密西西比河谷内一处地面微微隆起会引发一场灾难性的大地震，其破坏性可以和 1811 年到 1812 年密苏里州新马德里地震相比，然而据天文学家计算，那片地面隆起其实是由太阳和月球的引力导致的，并且在 1990 年 12 月 3 日到达顶峰。除拥有动物学博士学位和东南密苏里州立大学地震信息中心负责人的支持外，据《纽约时报》报道，布朗宁竟然提前一周成功预测了 1989 年 10 月 17 日洛马普列塔地震。《旧金山纪事报》报道称："布朗宁在 1985 年提出的预测只和 10 月 17 日那场地震相差 6 小时，而在灾难发生前一周，他更新的预测和实际地震时间仅相差 5 分钟。"旧金山湾区地震准备计划负责人随后评价说，"这种流言，就像野草一样，自发形成"。

这个预测在美国中西部地区造成数月的恐慌。预测日当天，密苏里州州长和全国媒体都十分关注新马德里。公众没有理睬这些观点，比如地震学家的观点。他们研究了布朗宁在采访录像和文字稿中关于洛马普列塔地震的观点，发现都是无稽之谈，而支持他的那位密苏里州地震学家拥有一个地球物理学博士学位外，竟然还相信心灵现象。十年后，雅各布·阿佩尔出版了一本关于地震预测的书——《比较地震学》。在书中，一个骗子冒充美国地质调查局的地震学家，告诉一位独居的老妇人说："新马德里断层休眠了近200年，地震压力在一天天积累，这就是为什么你没感觉到任何震动，因为根本就没发生地震。但总有一天地震会降临，席尔瓦小姐，我用科学保证。"老妇人相信了这个骗子，和他一起逃离，然后被骗了一大笔钱。

真正的科学界本来能够在一开始就驳斥这种错误的预测，但并没有及时行动，一部分原因是并没有把这个预测当回事，一部分原因是科学界自身对用科学方法预测地震也失去了信心，特别是预测密西西比河谷的地震时，尤其缺乏信心，因为该地区不像加州一样有完善的监测网络。还有一部分原因是联邦机构间的内部政治博弈，比如美国地质调查局和各大学地震学家间的博弈。塞斯·斯坦是西北大学教授，主教地质科学，而他就拒绝接受媒体采访。他出版了一本关于美国中西部地区地震危害书——《灾难延时》。在书中他承认，对于1989年到1990年间公众对地震过于夸张的反应，科学家负有一定的责任：

布朗宁的错误预测只是点燃木柴的一颗火星，而那堆木柴就是联邦和各州机构，甚至一些大学科学家的公告中对以往地震和未来灾害的判断，其中很多被严重夸张，显得十分愚蠢。

　　布莱恩·布莱迪是一位研究矿井中类似地震的岩石破裂的专家，而早在多年前他就大胆预测一场大地震会在 1981 年 6 月袭击秘鲁。挖矿作业会降低周围岩石的封闭压力，引发岩石破裂。布莱迪在实验室中进行岩石破裂实验，实验结果让他坚信岩石破裂过程存在"时钟"，一旦开始就无法停止，最后引发地震，时钟指针的跳动对应地震的前震。基于必要的地震历史数据和当前数据，布莱迪说自己可以预测地震发生的准确时间。

　　其他地球物理学家不接受这种学说，即微观的岩石破裂过程和宏观的地震机制基本相同，用科学的语言说就是"标度不变"，因为和矿井的井壁不同，断层总是存在着巨大的封闭压力。1981 年早些时候，国家地震评估预测委员会在布莱迪同行面前公开批判了他的观点，这个批判近似审判，而这些同行也正式通过委员会表达了上面的观点。但他们知而不语的是，如果布莱迪的观点是正确的，那就意味着要将地震研究和资助从田野调查大规模转向实验室工作。

　　这个预测之前只是一条普通新闻，而如此一番论战后，就成了头条新闻了。然而，布莱迪拒绝撤回自己的观点，所以这场争论最终卷入秘鲁和美国的政治层面。秘鲁总统、政府和科学界对这一预测的态度相当严肃，而美国政府、地质调查局和矿产署内的不同派别则在争着抢着用这个预测来实现自己的目的。秘鲁 1970 年的地震导致 66 000 人遇难，因此当 1981 年 6 月 28 日这一天迫近时，秘鲁人紧张不安，而首都利马安静得诡异，许多人，不管是富人还是穷人，都在周末离开城市。

但当天却什么都没发生。然而，这并不意味着布莱迪预测背后的想法没有价值。他并不是一个怪人，只不过太过执着于自己的模型。但他的科学批评者们自身缺乏可信的理论，脚跟不稳。在预测之日到来之前，布莱迪自我辩护地写道：

> "现在地震学界很多学者被简单的断层模型冲昏头脑，因为断层表面的粗糙部分倾向于限制断层的自由活动，进而把这些简单的断层模型变得更加复杂，断层粗糙部分一旦破裂，便会引发地震。我认为，我们现在需要解决一个基本问题，即断层一开始是如何形成的。"

这个观点具有先见之明。直到那时，地震学家才开始正面应对这个挑战。其中一位地震学家无不痛心而诚恳地将自己比作18世纪的医生，"尽管缺乏对疾病的了解，还被迫行医开药，导致患者受伤"。他说，科学问题在得到解决之前，很有可能变得越发复杂。新仪器的先进功能，快速推动我们对地球的了解，但讽刺的是，也扩大了我们的无知。可能美国中西部地区的地震将布莱迪观点的实质表现得淋漓尽致。引发这种封闭式地震板块内部断层活动的源头和本质是什么？20世纪90年代早期，科学家利用精准的 GPS 定位，调查密苏里州新马德里地区，发现北美洲板块每年移动距离不超过 2 厘米，而圣安地烈斯断层则平均每年移动 36 厘米。换句话说，北美洲板块几乎处于静止之中，那这是否意味着另一场板块内部大型地震即将到来？如同 1811 年到 1812 年间的地震一样？又或者正相反，该地区应该被视为地震不活跃区？科学家、政府机构和居民面临的风险太高，各方争论异常激烈，但如同地震预测一般，真相在未来许多年中都有可能不得而知。

9. 为保护生命设计

  各个领域的科学家不断调查地震和预测地震并试着形成理论时，政府、各种机构和个人能怎样保护自己免受地震伤害呢？世界上接近一半的大城市面临着地震的风险。1992年，开罗发生了一场规模相对较小的地震（5.8级），震中位于市中心往南35千米处，距开罗老城仅有10千米。即便如此，这场地震造成545人遇难，约6 500人受伤，50 000人流离失所，摧毁建筑350栋，严重破坏9 000栋，包括350栋校舍。名胜古迹遭到破坏，比如吉萨大金字塔上的一块巨石滚落在地。遇难人数和建筑破坏完全不成比例，一部分原因是开罗在过去一个半世纪，从未遭遇过破坏性地震，上一次发生在1847年。所以，这座城市没有设置用以减少地震破坏的建筑规范，而且没有保护居民的地震应变计划。遇难者大多数是住在劣质建筑中的穷人，或者跑出正在倒塌教室时遭到踩踏的孩子。但同时，开罗大部分质量良好的建筑却没遭到任何破坏。正如地震学家所言："夺走生命的不是地震，而是建筑。"在伤亡惨重的1976年唐山大

地震中，最安全的地方反而是地下，当时处在地下的约
10 000 名矿工中，只有 17 人遇难，而这些矿工位于地上
的家人们却没那么幸运了。在海地首都太子港 2010 年发
生的大地震中，遇难人数特别高，因为很多建筑的支撑
柱使用不达标的混凝土或煤渣砖，缺少足够的钢筋加固，
导致建筑被地震夷为平地。全世界数亿人还生活在地震
的永久性威胁之中，不计其数的建筑资产也处于地震风
险中，而且这些数字必然持续上升。

　　和开罗、太子港及几乎所有面临地震威胁的城市相
比，在地震已经成为日常生活一部分的日本首都东京，
政府部门设置了许多科学仪器，用以监控可能影响大都
会地区的许多断层，而断层的各方面信息都传送到一个
高科技控制中心。从 1977 年起，科学家组成的应急委员
会就时刻准备对无法预知的地壳活动做出反应，并对日
本政府是否发出地震预警提出建议。日本政府设立疏散
区，向公众进行大力的公共宣传。9 月 1 日是关东大地震

纪念日，每年东京市都会在全市进行地震演习。大多数大型建筑进行了防震改良，而且过去很多年中的新建筑都经过特殊设计，能够应对可能发生的最大规模的地震。东京的摩天大楼是非常安全的，所以政府相关部门建议办公室白领和居民在发生地震时躲进室内，不要跑出室外，以免被空中掉落的碎玻璃割伤或者掉落的商店广告牌砸中。

然而，对这些说法稍加分析就会发现存在许多漏洞，更加严重的是，一座现代都市比 1923 年的东京更加脆弱。以时速 240 到 300 千米的高铁为例，地震发生前几秒，地震仪会发出警告，触发高铁刹车系统，使高铁紧急停下来。2011 年东日本大地震和海啸发生时就是如此，当时 27 列高铁在地震开始前 9 秒内进行紧急制动，避免列车脱轨，而 70 秒后，最为强烈的地震来袭。但是，如

为纪念 1923 年关东大地震，东京市会在每年 9 月 1 日举行一年一度的地震演习

果火车碰巧离一场大地震震中特别近，那刹车系统能够快速反应过来吗？那些东京湾旁柔软土地上建造的精炼厂和化工厂呢？那里的高楼大厦的建造可没有遵循专家的建议。建于 20 世纪 70 年代的滨冈核电站位于两个构造板块衔接处附近，在东京西南面 200 千米处，这座核电站该如何应对地震呢？在福岛核电站核泄漏事故后，这座核电站最终被关闭。1960 年，黑泽明在其经典电影《恶汉甜梦》中生动刻画了建筑行业大量降低成本和长期贪污腐败的现象，而类似现象也在 1992 年开罗地震中造成严重伤亡。以后这种现象又会在地震中造成什么样的后果呢？地震发生时，电缆、天然气总管、供水总管、电话和电脑线路会遭到怎样的破坏？又有谁会协调地震救援力量，应对长期困扰应急计划的官僚竞争呢？1995 年神户大地震和 2011 年东日本大地震造成的破坏和官方回应让人放不下心。在神户大地震中，原本防震的阪神高速公路却发生坍塌，原因是公路下方地面的最大加速度已经达到关东大地震估计速度的两倍。神户大地震中坍塌的其他建筑暴露了因贪污或监督不到位导致的豆腐渣工程。

　　随意询问日本普通民众对大地震的感受时，你会发现东京居民并不真正接受他们所在的城市会发生地震这一事实。在 20 世纪 90 年代早期，一位 27 岁的时尚设计师搬到东京追求自己的事业，他告诉记者皮特·哈德菲尔德说："我不知道多少人会死，一百万？十亿？我真的不知道。我从来没和朋友们聊过这个。我知道地震有可能发生，但在我内心里，我并不真正相信。"在东京一家国际食品公司工作的 25 岁商人则更加现实，他说："我不太担心，我不和朋友聊这个，只是在开车穿过地道时偶尔说说，我还可能开玩笑呢。我不知道多少人会死于地震，这取决于地震的强烈程度吧，可能两百万？"哈德菲尔德写道，"在为这本书（《改变世界的六十秒》）做调查时，和很多日本普通人交谈过，他们中大部分感觉，即便他们知道，或者有人告诉他们，一场大地震即将到

2011 年东日本大地震中被海啸破坏的福岛核电站（鸟瞰图）

来，他们仍然很难相信这个事实。"

在太平洋的另一边，那些住在圣安地烈斯断层上的人也有着同样的宿命，甚至情况更加严峻。在 1906 年旧金山大地震后，加利福尼亚州州长设立的地震调查委员会没有从当地民众中收集到任何关于地震的有用信息。一位斯坦福大学的地质学家作为委员会中的一员，随后回忆说：

"有人向我们建议，甚至一遍又一遍地请求我们不要去收集这类信息，尤其是不要出版。'忘了它''多说反而坏事''根本没有地震'等，是我们当时从各方听到的想法。"

从旧城废墟中拔地而起的旧金山璀璨夺目，在 1915 年巴拿马万国博览会上登场亮相，而实际上新建的旧金山城市建筑结构并不如 1906 年前的好。直到 1948 年，在经过密集讨论，吸取长滩地震的教训后，加利福尼亚州政府才颁布最低抗震设计要求。直到 1990 年洛马普列塔地震后，州政府才发布地震预警的详细计划。同时，保险公司赚得盆满钵满，因为原先不买地震险的房主因担忧房子被毁而最终签订保险协议。而且，即便是最了解地震的科学家也因地震险的巨额保费和免赔额是否值得而产生分歧。斯坦福大学在 1906 年的地震中受到重创，从 1980 到 1985 年间一直购买保险，但随后不再购买，因为光每年保险费就达到 300 万美元，还包括 1 亿美元的免赔额，而保险额度只是免赔额上的 1.25 亿美元。

1906 年旧金山地震中，地质学家路易斯·阿格西在加州斯坦福大学的雕像被推翻

在 1989 年地震中，没有保险的情况下，斯坦福大学蒙受的损失达 1.6 万美元左右。菲利普·弗拉德金在 20 世纪 90 年代后期为《里氏 8 级》一书做调查时，从加州地震安全委员会主席和长期成员以及地震灾害的全球专家劳埃德·克勒夫口中得知，克勒夫本人并没有为自己在加州的老房子购置保险，因为保险的免赔额太高，买保险没有任何意义。在加州南部地区，加州理工学院帕萨迪纳地震研究所所长、世界顶尖地震学家金森博雄也从来不买地震保险，他说："我自己应对地震的方法就是不去担心。我的房子不是很贵，真的挺便宜的房子，所

**1989 年洛马普列塔
地震后旧金山海港区
遭受的破坏**

以即便有损失，也很有限。我很满意。"金森伯雄不仅没
有给房子买地震险，甚至都没修缮以预防地震，而加州
很多旧房子和建筑都进行了修缮加固。

众所周知，洛马普列塔地震是旧金山遭遇的第三场
大地震。第一场是海沃德大地震，发生在 1868 年，这场
地震让人们意识到在旧金山湾扩建土地上建造的建筑存
在危险。然而 1989 年，在当时破坏最严重的地区上兴建
了现在的海港区，而这个海港区就是在旧金山湾扩建的
土地上建造的，并用来主办巴拿马万国博览会。而之后
海港区的地面发生液化，同时出现沙涌现象，而从沙涌
中喷出了一些碳化木材的碎块和仿石灰华碎片，二者可
能是 1906 年地震大火的残留物和 1915 年博览会中破碎

的残骸。1991 年,《美国地震学会公报》为专门报告洛马普列塔地震,专门出版了一期,长达 800 页,包含了对该地震活动的技术描述和分析。在期刊开篇介绍中,编辑自觉必须警告读者:

当然,洛马普列塔地震是一个警示,告诉人们地震不一定发生在我们希望的地方,或我们预测的地方。即便在世界上研究最多的活跃断层沿线,我们对于地震发生或在同一地方再次发生的方式和原因的了解仍然是不充分、不完整的。地震导致的强烈地面运动对未加固的砖石建筑、建筑物不牢固的底层、腐烂的栋木、损坏的地基、水利填方和新形成的湾泥等造成的影响已经不算是新闻了,特别是早在 1906 年或更久以前已经了解这些影响的旧金山。确实,洛马普列塔地震给人们上的最重要的一课就是,美国公众,甚至是地震频发国家的公众,甚至都不了解地震发生、危害和风险的基本情况,让人不可思议。公众还相信布朗宁预测地震时发表的谬论。直到大家最终意识到地震灾害是真的,而且可能造成惨痛的损失。这种根深蒂固的意识形成后,人们必不可免地要重新从 1906 年和 1989 年地震中吸取经验。

地震频发国家在脆弱的地基上建造建筑的习惯,不

古罗马圆形大剧场东
半部分

用说，不止在美国加州和日本存在，这样的例子在历史
上有很多，详细记录在书中。作者艾默思·努尔本人就
在 1989 年的地震中艰难逃脱，他当时躲在斯塔福大学办
公室的书桌下，桌子上就是倒塌的书柜。例如，参观古
罗马圆形大剧场的数百万位游客都不可避免地注意到，
只有一部分外墙仍然挺立，但他们不知道为什么这个圆
形剧场的北部留存下来，而南部却倒塌了。一切都始于
一场地震。古罗马文明没落的 1000 年后，1394 年一场地
震袭击了这座城市，造成大范围破坏，罗马帝国首都东
边的阿尔巴诺丘陵遭到的破坏甚至更加严重。1995 年，
科学家对圆形剧场的地基进行了地震研究，使用声波绘
制的地下结构图显示，圆形剧场的南半部分坐落在冲积
层上，沉积物填充了台伯河一条支流的史前河床，而那
条支流目前已经干涸。圆形剧场的北半部分矗立在河岸

**2011 年土耳其凡城
遭到地震破坏，超过
6 000 座房屋被完全
摧毁**

上，年代久远，更加稳固。

几个世纪以来，通过试错，人们已经学到很多抗震建筑的知识。因此，日本的佛塔都使用复杂的木质结构来支撑塔顶。苏珊·休写道，"在土耳其和克什米尔早就意识到，裂缝能有效保护建筑物，减轻地震损坏。"因为这些瑕疵能够避免建筑物发生剧烈摇晃。"这些地区的传统建筑采用了木质结构作为框架，填充砖石材料，如此建造的建筑就能够通过内部百万次的微型摇晃、振动，消散地震能量。"伊斯坦布尔圣索菲亚大教堂是拜占庭最伟大的教堂，6世纪时的建筑工程师使用了一种韧性黏合剂，让教堂的墙体可以在地震中产生微小位移。他们在石灰岩和碾碎的砖头组成的灰泥中加入火山灰和其他富含二氧化硅的材料。这些材料与石灰岩和水发生反应，产生一种硅酸钙结合剂，类似于现代硅酸盐水泥中的结合剂，可以吸收地震能量。

现代建筑的抗震设计包括钢结构、钢筋混凝土和剪力墙，即避免建筑承受过大剪切力的承重墙。1971年圣费尔南多大地震中，加州理工学院的医院发生倒塌，在这之后不久，其位于帕萨迪纳的地震研究所就在建设过程中加入剪力墙，以免让地震学家们再一次感到尴尬。最近地震工程学领域开创性地研究出了基地隔震技术，在建筑和地基间放置橡胶或铅芯隔震支座，避免地震中地面水平运动过多传递到建筑物上。在阿拉斯加，纵贯阿拉斯加管道横跨德纳里断层，管道横跨的部分经过特殊设计，在滑道上通过。2002 年，当地发生了一场 7.9 级地震，德纳里断层移动了 7 米，但是管道并没有破裂。然而，这种特殊设计的工程成本高，没有利用在管道的其他部分。如果那些管道破裂，只能尽快修复。

抗震设计在地震中的表现可以用三种方法测试。第一种，建筑物可能的位移范围可以通过基于其整体大小、刚性和其他结构属性组成的公式来计算得出；第二种，可以把建筑模型放在电脑模拟的震动中进行测试；第三

跨阿拉斯加管线在特殊设计的滑道上跨过德纳里断层

1972 年在加州旧金
山建成的泛美金字塔

种，可以制作建筑物的比例模型，放在震动平台上进行
实体测试。第三种测试方法的成本明显很高，而且还存
在另一种限制，即不符合尺度不变原理。一栋建筑的小
型比例模型和等比建筑对同样晃动的响应可能不同。但
世界上可能有十几个大型震动平台上可以使用，其中一
个就在加利福尼亚大学圣迭戈分校，占地 93 平方米，铁
质平台，最大载重 2 000 吨，可以给一座 7 层高的建筑物
做测试。

专门设计，能承受住大地震一栋建筑的自然摆动周期（受力推动后的自然摆动时长）在地震中起到重要作用。一栋十层建筑的自然摆动周期是 1 秒左右，每增高十层，自然摆动周期延长约 1 秒，因此摩天大楼的自然摆动周期更长。地震水平震动如果持续时间短，比如地面水平震动 0.1 秒，只会让建筑物内的家具和其他物品发出声响，而整个建筑结构并无大碍；水平震动如果持续时间长，比如 10 秒，那么建筑物会发生整体性移动，而不会出现大幅度摆动。但如果地震震动时间和建筑物的自然摆动周期相吻合，二者就会发生共振，导致建筑物摆动和水平震动同时发生，使得建筑物摆动幅度越来越大，所以如果地震持续的话，建筑物发生坍塌的可能性就会很高。

然而，影响建筑物倒塌倾向性更为重要的因素是建筑材料和建筑质量。钢筋混凝土建筑通常最有可能在地震中存活，接着是木质建筑，而砖石建筑幸存的可能性大大小于木质建筑，土砖（太阳晒干的砖头）遭受的破坏最为严重。2003 年，伊朗东南部省份克尔曼和巴姆市发生一场 6.6 级的地震，而巴姆的大部分建筑是土砖建筑，所以地震导致超过 26 000 人遇难。中东地区和南美洲的土砖建筑经久难用，内部凉爽，但经受不住哪怕相当于重力加速度十分之一的地面水平加速度。另外，土砖不够坚硬，所以建造者就会把墙体加厚，这就让土砖建筑更加沉重，在地震中可能压死里面的住户。

在《灾难延时》中，塞斯·斯坦利用图表展示了不同材料的建筑在不同地震烈度（参考改进的麦加利烈度表）中发生倒塌的概率，揭示了土砖建筑的隐患，随后他用以下分析，把图表和 1811 年 12 月新马德里地震联系起来。斯坦写道：

> 离震中越远，地震烈度就越小。新马德里地震烈度约为 IX。如果当地建有未加固的砖石建筑，将近一半会坍塌；20% 的木质建筑和 10% 的钢筋混凝土建筑（当时还未被发明出来）会坍塌。在远离震中的孟菲斯（当时还不存在），烈度约为 VII，约 5% 的未加固的砖石建筑会倒塌，木质建筑和混凝土建筑倒塌的更少。再远点，在圣路易斯（当时还不存在），烈度是 VI，没有建筑倒塌。

对斯坦而言，这些数字的意义是客观地量化美国中西部地区再一次遭遇严重地震的风险。在他看来，GPS 系统对当地板块移动的测量数据随着时间的推移逐渐变得庞大，这些逐渐增加的数据表明，美国中西部地区再发生强烈地震的可能性降低，美国政府那种"安全胜过一切"的说辞也站不住脚了。美国地质调查局支持的联邦应急管理署一直在中西部地区推进和加州一样严格的建筑规范，尽管用于修缮加固的高昂费用必须由当地政府缩减其他开支来提供。即使加州大部分公立医院没有达到修缮加固的标准，也要花费总计约 500 亿美元来进行加固。斯坦不认为美国中西部地区会再发生一次大地震，也不相信联邦提供的解决方法会奏效。"人们之所以没有讨论严格建筑标准背后的成本，是因为他们认为会由别人来付这笔账。"斯坦写道。他把联邦应急管理署的提议形容为"花大价钱买药，却治错了病"，就好像用化疗治感冒一样。

这并不是在低估密苏里州 1811 年 12 月 16 日、1812年 1 月 23 日和 1812 年 2 月 7 日三场大地震的能量。目击者证据显示，这些地震在密西西比河上形成瀑布，甚至让河水倒流。一个名为蒂莫西·弗林特的观测者写道：

> "新马德里村庄的地面突然崛起，将这条河流（密西西比河）截断，导致水波逆流，接着刹那间大量船只被涌起的水流冲到河道支流或干燥的土地上。"

住在肯塔基州路易维尔的杰瑞德·布鲁克斯记录了1811 年 12 月 26 日到次年 1 月 23 日间发生的 600 多场有感地震，并根据自己估计的烈度加以分类。在一个民间流传已久的传奇中，这些地震导致波士顿教堂的钟大声作响，而这个传奇并不是真实的，因为在波士顿地区的现代报纸上没有提及任何地震，但在距新马德里 1 000千米的南卡罗来纳州查尔斯顿，这些地震确实使教堂响起钟声。这些地震的震级没有之前认为的 8 级到 8.75 级那么高，可能在 7.4 级到 8.1 级之间，甚至低至 7 级。但是，休写道，在美国经历的包括很多大型主震的地震序列中，新马德里地震序列仍然是最为强烈的。如果类似的地震序列发生在今天，按照当地现在人口总量，那么该地震序列可能会被列为美国经历的最为严重的自然灾害之一。

　　在接下来几十年内，这种地震序列发生的可能性有多大？板块构造学说预测，板块内部不会发生大地震。GPS 测量也显示，新马德里地区板块没有发生位移，而且在过去 200 年内都没有发生大地震，不像圣安地烈斯断层地区；相反，特别是在过去一个世纪内，该地区曾发生过低震级的余震。对一些地震中沙涌现象的研究表

1812 年密苏里州新马德里大地震时密西西比河上的船

明，在 1450 年和 900 年，新马德里曾发生过大地震。但是相比于加州帕利特河中挖出的圣安地烈斯断层记录，这还不足以成为证据，而新马德里地表也没有可以挖掘的断层。所以前面那个问题的答案是：这样的地震序列很有可能不会发生。加州有充分的理由，花费巨额费用，保护自己不受强烈地震的破坏，而密苏里州和美国中西部地区却不用。新马德里的建筑更有可能因为自然腐败倒塌，而不是在地震中坍塌。至少，这是斯坦在三四十年的研究后，得出的来源可靠的不同观点。

在地震频发地区，比如加利福尼亚州，很多能够负担得起的住户会一直翻新自己的房子，加固房子和地基的连接部分，重建烟囱，加固损坏的墙体，安装自动闭锁阀门，这种阀门在天然气管道破裂时会自动闭锁，避免出现关东大地震中房子起火那样的二次灾害。但一些更加简单、几乎免费的预防手段也可以让人从地震灾害中逃脱而免受伤害或更严重的情况。沉重的物品，比如家具和冰箱，可以和立柱粘贴或捆绑在一起；地震在人们熟睡时发生的可能性有 33% 左右，靠近卧床的物体可能在地面震动的一瞬间砸在床上，所以最好还是把这些物体放在远离床的位置。

我们这些脚下土地特别稳定的人，并不担心地震，我们离真实地震最近的时候可能是在看电视、电脑或读书读报的时候。但即便在伦敦，我正安静地写这本书的地方，街道也不总是稳定不动的，这本书中就记录了伦

南卡罗来纳州查尔斯顿一处历史建筑的抗震加固装置

敦曾发生的地震，而就在 2008 年英国那场被遗忘的地震中，我自己的公寓也发生了晃动，虽然晃动幅度很小，几乎感觉不到。但也许是时候考虑把我那成堆的有关地震科学的书，从床正上方的书架上搬走了。